METODOLOGIA DA CIÊNCIA

Dados Internacionais de Catalogação na Publicação (CIP)
(Câmara Brasileira do Livro, SP, Brasil)

Appolinário, Fabio
   Metodologia da ciência : filosofia e prática da
pesquisa / Fabio Appolinário. -- 2. ed. -- São Paulo :
Cengage Learning, 2016.

   2. reimpr. da 2. ed. de 2012.
   Bibliografia.
   ISBN 978-85-221-1177-0

   1. Ciência - Filosofia 2. Ciência - Metodologia
   3. Pesquisa - Metodologia I. Título.

11-06288   CDD-001.42

Índices para catálogo sistemático:

1. Ciência : Metodologia 001.42
2. Pesquisa : Metodologia 001.42

METODOLOGIA DA CIÊNCIA
Filosofia e Prática da Pesquisa
2ª edição revista e atualizada

Fabio Appolinário

Austrália • Brasil • Japão • Coreia • México • Cingapura• Espanha• Reino Unido • Estados Unidos

Metodologia da Ciência: filosofia e prática da pesquisa – 2ª edição revista e atualizada
Fabio Appolinário

Gerente Editorial: Patricia La Rosa

Supervisora Editorial: Noelma Brocanelli

Supervisora de Produção Gráfica: Fabiana Alencar Albuquerque

Editora de Desenvolvimento: Gisele Gonçalves Bueno Quirino de Souza

Revisão: Ricardo Frazin

Diagramação: Cia. Editorial

Capa: Ale Gustavo

© 2012 Cengage Learning. Todos os direitos reservados.

Todos os direitos reservados. Nenhuma parte deste livro poderá ser reproduzida, sejam quais forem os meios empregados, sem a permissão, por escrito, da Editora. Aos infratores aplicam-se as sanções previstas nos artigos 102, 104, 106 e 107 da Lei nº 9.610, de 19 de fevereiro de 1998.

Esta editora empenhou-se em contatar os responsáveis pelos direitos autorais de todas as imagens e de outros materiais utilizados neste livro. Se porventura for constatada a omissão involuntária na identificação de algum deles, dispomo-nos a efetuar, futuramente, os possíveis acertos.

> Para informações sobre nossos produtos, entre em contato pelo telefone **0800 11 19 39**
>
> Para permissão de uso de material desta obra, envie seu pedido para **direitosautorais@cengage.com**

© 2012 Cengage Learning. Todos os direitos reservados.

ISBN-13: 978-85-221-1177-0
ISBN-10: 85-221-1177-4

Cengage Learning
Condomínio E-Business Park
Rua Werner Siemens, 111 – Prédio 11 –
Torre A – Conjunto 12
Lapa de Baixo – CEP 05069-900
São Paulo – SP
Tel.: (11) 3665-9900 – Fax: (11) 3665-9901
SAC: 0800 11 19 39

Para suas soluções de curso e aprendizado, visite **www.cengage.com.br**

Impresso no Brasil.
Printed in Brazil.
2 3 4   14 13 12

Dedico este livro, e todo o meu amor,
à minha querida Lilian.

Apresentação

Imaginem uma situação corriqueira de orientação de pesquisa: uma sala com trinta alunos reunidos, os quais realizam 15 pesquisas com os mais diversos temas e com diferentes abordagens dentro de uma área de conhecimento. Vários alunos falam ao mesmo tempo, com a vitalidade dos jovens – "o que é pesquisa?"; "como eu devo fazer o projeto?"; "professor, este livro é científico?"; "onde encontro bibliografia que fale de fanatismo no futebol?"; "como eu faço esta citação?"; "mas este problema de pesquisa não é muito simples?"; "quantas páginas o projeto tem que ter?"; "professor, e o cronograma, como eu faço?"; "com que letra eu escrevo?"; "eu devo usar normas da ABNT, mas o artigo que li tem as referências escritas de outro jeito!"; "professor, eu quero usar entrevista.", "mas, Maria, você ainda não definiu o problema de pesquisa?".

Além disso, na maioria das vezes, são alunos que estudam à noite e trabalham durante o dia. O orientador leva pilhas e pilhas de livros e artigos sobre metodologia científica para encontrar respostas para todas as questões. Há um problema adicional: não são todos os livros que podem ser encontrados na biblioteca e, se o forem, não há um número suficiente de exemplares para todos. E não se pode pedir aos alunos que comprem todas as obras, pois não têm poder aquisitivo para tal. Então, o orientador carrega a montanha de livros, que acabam sendo emprestados aos alunos, pois, em virtude da proteção aos direitos autorais, não se pode tirar cópias reprográficas. Assim, o que geralmente ocorre é que, ao final do semestre, o acervo do professor diminuiu pela metade.

Bem, o leitor, se me fiz claro, pode ter uma ideia da situação complexa que é orientar um grupo de alunos na elaboração de suas pesquisas e das várias outras atividades acadêmicas que o orientador tem, além das orientações, via internet, nas madrugadas, sábados e domingos. E – mais um agravante – o tempo é limitado para que o trabalho esteja pronto e, por fim, seja avaliado por uma banca pública com três professores – situação que faz com que o orientador se sinta um verdadeiro malabarista do Cirque du Soleil.

Fica uma questão: o orientador deve favorecer a construção de um pensamento, uma obra de autoria dos alunos, ou pode ajudar a apagar pequenos incêndios nas várias decisões que fazem parte da trajetória de uma pesquisa?

É nesse ponto que este livro chega como um alento. Uma obra que, sem descuidar dos aspectos epistemológicos, além de uma postura crítica, nos dá de forma sintética e objetiva pistas claras que, com certeza, auxiliarão o pesquisador iniciante nas centenas de decisões que terá de tomar para realizar um trabalho com qualidade. Mais que isso, permite que o pesquisador vá encontrando trilhas para um aprofundamento em cada aspecto da pesquisa, com a farta bibliografia que oferece. É um trabalho corajoso, de fôlego, e muito bem-vindo para ajudar o professor orientador nas situações concretas como as descritas.

Enfim, trata-se de uma obra de grande valor que, com certeza, estimulará muitos pesquisadores a sentirem prazer com a atividade de pesquisar, pois o texto é claro, didático, bem escrito, objetivo e conciso. Com certeza, será de grande auxílio para professores de metodologia científica, pesquisadores, orientadores de pesquisas em iniciação científica, trabalhos de conclusão de curso e de pós-graduação.

Creio ser um trabalho que se tornará uma referência. Quando estiver no olho do furacão, como as situações vividas que descrevi, poderei, enfim, responder ao aluno: "Vá ao 'Appolinário' que você encontrará respostas".

Prof. Dr. Ricardo Franklin Ferreira

Docente do programa de mestrado em Psicologia da Universidade São Marcos
Coordenador do curso de graduação em Psicologia da Universidade São Marcos

Sumário

Prefácio XI

Parte I – Aspectos Gerais da Filosofia da Ciência

Capítulo 1 – Ciência: Uma Visão Geral..3

Capítulo 2 – Evolução das Ideias Científicas:
Dos Gregos ao Positivismo 15

Capítulo 3 – Os Grandes Debates da Ciência Contemporânea...................29

Parte II – A Prática da Pesquisa

Capítulo 4 – O Sistema de Produção Científica.............................47

Capítulo 5 – As Dimensões da Pesquisa...59

Capítulo 6 – As Etapas do Trabalho Científico.............................73

Capítulo 7 – As Partes de um Trabalho Científico 85

Capítulo 8 – O Discurso Científico...95

Capítulo 9 – Variáveis e Níveis de Mensuração...107

Capítulo 10 – Delineamentos de Pesquisa..117

Capítulo 11 – Amostragem..129

Capítulo 12 – Coleta e Tabulação de Dados Quantitativos.......................137

Capítulo 13 – Introdução à Análise Quantitativa de Dados......................149

Capítulo 14 – Introdução à Análise Qualitativa de Dados........................163

Capítulo 15 – Juntando Tudo: Um Exemplo Prático de Pesquisa..............173

Referências...189

Apêndice A – Websites de Busca Científica..197

Apêndice B – Modelos Diversos..199

Apêndice C – Referências Padrão ABNT..207

Apêndice D – Referências Padrão Vancouver..215

Prefácio

Após muitos anos lecionando disciplinas relacionadas à metodologia científica, pude constatar uma verdade básica: se os alunos não compreenderem e experimentarem o prazer da produção científica, essa área particular do conhecimento tem enorme potencial para se tornar um tormento insuportável. Acredito que uma parte importante do problema esteja relacionada a duas questões básicas: primeira, a falta de aplicabilidade dos conteúdos da disciplina em projetos que sejam interessantes para os alunos e, segunda, a desorganização dos materiais didáticos disponíveis para o aprendizado – fato que reflete a própria diversidade nas formas de produção do conhecimento científico.

Uma das razões que me levaram a escrever uma obra como a que o leitor tem em mãos foi tentar suprir – na medida do meu entendimento – essa segunda necessidade. É fruto de muitas experiências em salas de aula, incluindo-se aí a sequência em que a matéria deve ser desenvolvida, assim como o provimento de exemplos que realmente ajudem os alunos a compreender mais rapidamente o que o professor está tentando lhes indicar.

A obra está dividida em duas partes independentes e complementares. Na primeira parte, dedico três capítulos ao exame dos conceitos de ciência e conhecimento científico, tal como foram desenvolvidos historicamente – dando especial atenção aos movimentos da filosofia da ciência, notadamente no que se refere às discussões contemporâneas no seio das ciências humanas e sociais.

A segunda parte é essencialmente voltada para as questões práticas da produção do conhecimento científico: pode-se começar a trabalhar com o livro a partir desse ponto, se assim o leitor desejar. Os Capítulos 4 e 5 foram escritos com o intuito de levar o estudante a compreender melhor o mundo da ciência, seus personagens e tipos de produções. O Capítulo 6 – provavelmente o mais importante da obra – apresenta a sequência de passos necessária para a produção de pesquisas científicas, servindo de índice para os assuntos que serão tratados em detalhes nos capítulos subsequentes.

O Capítulo 7 apresenta ao leitor as diferentes partes de um trabalho de pesquisa, concernentes às modalidades vistas nos capítulos anteriores. Em seguida, no Capítulo 8, discutem-se as particularidades do discurso científico, suas características, normatizações e dificuldades. Os Capítulos 9, 10 e 11 são dedicados ao estudo das variáveis e seus níveis de mensuração, os delineamentos possíveis em pesquisas científicas e as técnicas de amostragem, respectivamente.

Os Capítulos 12 e 13 são dedicados à exploração das questões referentes à coleta, tabulação e análise de dados quantitativos, contemplando-se inclusive uma breve revisão acerca dos principais tópicos das estatísticas descritiva e inferencial utilizadas em pesquisas. Como contraponto, o Capítulo 14 desenvolve algumas das principais ideias envolvidas na análise qualitativa de dados, discutindo especificamente o uso das técnicas da análise do conteúdo e o método fenomenológico.

Finalmente, no Capítulo 15, é apresentado um exemplo completo de pesquisa, que serve como base e modelo aos diversos aspectos teóricos vistos em todos os capítulos anteriores. A obra traz ainda quatro apêndices contendo a lista dos principais sites de busca científica na internet, uma série de modelos de partes das pesquisas, inclusive e projetos de pesquisa, e as normas atualizadas da ABNT (NBR 6.023) e Vancouver para elaboração de referências.

Para concluir, gostaria de frisar que este livro não teria sido escrito sem a valiosa ajuda de muitas pessoas que gentilmente tiveram a paciência de ler e criticar os originais, sem o que a obra não obteria o grau de confiabilidade desejado para o uso em sala de aula. Assim, desejo expressar meus sinceros agradecimentos aos professores Manuel José Nunes Pinto, Luiz Fernando Viti, Dirceu da Silva, Antônio Benedito Silva Oliveira e Lilian Domingues Graziano, pelas observações, correções e melhorias acrescentadas ao texto. Ao mestre e amigo Ricardo Franklin Ferreira, um agradecimento especial pela carinhosa e inspirada apresentação feita à obra. Finalmente, não posso deixar de mencionar o apoio e a dedicação de toda a equipe da Cengage Learning. A todos, meus sinceros agradecimentos.

O autor.

Aspectos Gerais da Filosofia da Ciência

Parte I

Ciência: Uma Visão Geral

1

Assim como casas são feitas de pedras, a ciência é feita de fatos. Mas uma pilha de pedras não é uma casa e uma coleção de fatos não é, necessariamente, ciência.
Jules Henri Poincaré

A ciência talvez seja o mais novo dos empreendimentos intelectuais humanos, se considerarmos que, em seu formato atual, surgiu apenas no século XVII. Todavia, encontramo-nos hoje totalmente imersos em suas referências e subprodutos (os artefatos tecnológicos). Compreender a ciência significa compreender um pouco do nosso mundo contemporâneo – incluindo aí sua subjetividade inerente.

Muito embora a maioria de nós não pretenda se transformar em um cientista propriamente dito, consideramos fundamental compreender minimamente como essa forma de conhecimento funciona e como influencia nossa vida cotidiana. O objetivo deste capítulo é buscar uma primeira aproximação com o conceito e o universo da ciência, em suas diversas acepções.

A Melhor Calça *Jeans* do Brasil

Imagine a seguinte situação: você deseja comprar uma calça *jeans* nova. Mas você decide utilizar um procedimento científico, já que pretende alcançar o resultado mais preciso e correto possível. Bem, para que isso se concretize, primeiro precisaremos de dinheiro – algo em torno de R$ 350 mil só para começar (toda pesquisa científica deve ter um orçamento).

O primeiro passo será descobrirmos, por meio de um levantamento de mercado, os modelos e fabricantes disponíveis, para que possamos efetuar comparações. Assim que soubermos quantos modelos vamos testar, podemos planejar as fases seguintes da nossa pesquisa. Digamos que concluimos, após um levantamento que durou 30 dias, que há 600 modelos diferentes de calças, incluindo aí todas as variações de lavagens, tecidos, modelagens e fabricantes. O próximo passo será adquirirmos, preferencialmente pelo menor preço possível, um exemplar de cada modelo – não nos esquecendo de anotar o preço e os dados básicos dos fornecedores em uma planilha, para análise futura.

Teremos, então, de submeter essas 600 calças a uma série de testes. Por exemplo: o teste do "caimento". Vamos convidar cinco especialistas em moda – três estilistas e dois jornalistas especializados – para que possam avaliar esse quesito, atribuindo-lhe uma nota de zero a dez, enquanto você desfila elegantemente em uma passarela, com cada um dos 600 modelos, é claro. Com uma média de 40 modelos por dia, essa etapa levará cerca de 15 dias para ser completada.

Depois, passamos ao segundo teste: montamos um laboratório com 60 máquinas de lavar e 60 secadoras de roupa. Lavamos e secamos continuamente cada peça pelo menos 20 vezes. Analisamos dois itens nessa etapa: a taxa de desbotamento da tintura (a cada lavagem) e a taxa de desagregação progressiva do tecido, quando analisado por meio de microscópios. Considerando um tempo (estimado) de uma hora para lavar, 40 minutos para secar e uma hora e 20 minutos para analisar cada peça entre cada operação de "lavagem-secagem-análise", teremos 300 horas de trabalho por peça. Como são 60 máquinas realizando o serviço simultaneamente, podemos considerar um total de três mil horas de trabalho. Uma vez que nosso laboratório conta com a colaboração de dezenas de diligentes assistentes de pesquisa, que trabalham 12 horas por dia, podemos estimar que essa fase levará uns 250 dias.

Para encurtar o processo (ou então gastaremos toda a nossa verba), concluímos nossa pesquisa, comparando todas essas variáveis (preço, estilo, qualidade do tecido) utilizando algumas técnicas especiais da estatística e, ao final de aproximadamente dez meses, chegamos à conclusão perfeitamente científica de que a melhor calça *jeans* do Brasil é a... Bem, não vamos revelar essa informação confidencial de altíssimo valor comercial.

Muito bem. A essa altura, você deve estar pensando: é inviável tentar resolver todos os problemas por meio de procedimentos "científicos". No caso da nossa calça, talvez o melhor mesmo seja consultar aquela nossa amiga que já tem opinião formada sobre o assunto e, então, baseando-nos em sua experiência, podemos concluir alguma coisa sobre o tema – só que de forma rápida e gratuita. A esse segundo procedimento damos o nome de *senso comum*.

O senso comum talvez seja a primeira forma de conhecimento a ter surgido sobre a face da Terra, juntamente com o *Homo sapiens*, há cerca de 40 mil anos. E essa forma de conhecer o mundo é extremamente importante: sem ela, não poderíamos resolver os problemas mais banais do nosso dia a dia – como o problema de descobrir a melhor calça *jeans* entre todas as que existem no mercado brasileiro. A todo instante precisamos tomar decisões: a melhor marca de creme dental, a melhor combinação de cores para a roupa que vamos usar em uma entrevista de emprego, o aparelho celular que devemos comprar (e também qual operadora de telefonia celular e plano de assinatura são os melhores para nós) etc.

Baseando-se no exemplo da calça, você já imaginou se fôssemos nos meter a utilizar procedimentos científicos para cada decisão dessas? É óbvio que não podemos fazer isso, pois não teríamos nem o tempo nem os recursos necessários para tanto. E é precisamente por isso que o senso comum é muito valioso: ele nos permite tomar centenas de decisões diariamente, sem que tenhamos de mover "céus e terras".

Por outro lado, acreditamos ter se tornado perfeitamente óbvio também que o conhecimento adquirido por meio de um "método científico" parece ser bem mais preciso que o obtido por meio do senso comum. No caso do nosso exemplo, pode até ser que os dois processos conduzissem às mesmas conclusões (embora isso seja improvável), porém o processo científico é muito mais digno de confiança.

Assim, podemos estabelecer as bases para uma primeira comparação entre os dois processos:

6 METODOLOGIA DA CIÊNCIA

Quadro 1.1 Conhecimento científico e senso comum

Conhecimento obtido a partir do senso comum	Conhecimento obtido a partir de processos científicos
Assistemático e desorganizado	Sistemático e organizado
Ametódico: frequentemente depende do acaso	Metódico: é produzido a partir de uma série de procedimentos específicos e bem-definidos
Subjetivo: depende de nossos juízos e disposições pessoais	Objetivo e impessoal: é simples, direto e factual. Tende a ser mais isento, dependendo menos dos nossos juízos e disposições pessoais

É muito importante compreender que uma forma de conhecimento não é superior à outra. De fato, são complementares: muitas vezes, o conhecimento científico depende e se origina de indagações oriundas do senso comum, o que pode acabar resultando em alguma descoberta científica importante. Por exemplo: a estrutura para a câmera de bolhas utilizada para a detecção de partículas subatômicas ocorreu ao cientista Donald Glaser (Prêmio Nobel de Física em 1960) quando ele olhava distraidamente para um copo de cerveja, e a estrutura química do benzeno surgiu na mente de Friedrich Kekulé enquanto ele dormitava em frente à lareira.

Mas, afinal, o que é exatamente o conhecimento científico? Podemos pensar assim: é o conhecimento produzido pelos cientistas (isso é uma tautologia[1] muito interessante). E o que seria um cientista? Se perguntarmos a uma criança, provavelmente ela nos dirá que se trata de uma pessoa de óculos, vestida com um jaleco branco, em meio a um laboratório repleto de tubos de ensaio com líquidos coloridos fumegantes e de diversos aparelhos interessantes com pequenas luzes piscando. Provavelmente um cientista social ficaria um tanto incomodado com essa imagem, de forma que teríamos de buscar uma conceituação mais geral. Algo como: "indivíduo que busca gerar conhecimentos novos por meio de um método específico, denominado *método científico*".

Não há uma maneira rápida e fácil para definir o que seja exatamente o método científico. Aliás, o objetivo principal deste livro é de que o leitor, ao final da obra, possa ter compreendido melhor esse conceito-chave. Mas, mesmo assim, vamos nos antecipar e adiantar algumas ideias. Vejamos a palavra *método*, que vem do grego *méthodos*, que, por sua vez, deriva da composição das palavras *metá* (através de) e *hodós* (caminho), ou seja, "através de um caminho"

---

[1] Raciocínio circular; tentativa de demonstração de uma tese, repetindo-a com palavras diferentes.

Portanto, um método é um procedimento ou um conjunto de passos que se deve realizar para atingir determinado objetivo. Nesse sentido, podemos encontrar o método na culinária (o método para produzir um delicioso pavê de chocolate está especificado em sua receita), na arte (os diversos métodos para produzir uma escultura ou uma pintura também são bem-definidos) e até mesmo na religião (há métodos, por exemplo, para a realização de cerimônias religiosas, orações etc.).

Como vemos, o método, como processo organizado, lógico e sistemático, está presente em todos os âmbitos da experiência humana. O método científico seria, portanto, apenas um caso particular dos diversos tipos de métodos e consistiria de algumas etapas bem-definidas, como: identificação de um fenômeno no universo que peça explicação (*observação*); produção de uma explicação provisória que desvende esse fenômeno (*geração de hipóteses*); execução de um procedimento que possa testar essa explicação, para verificar se ela é verdadeira ou falsa (*experimentação*); análise e conclusão, visando estabelecer se a hipótese pode ser considerada verdadeira também em outros contextos, diferentes daquele do experimento original (*generalização*).

Por exemplo: um pesquisador na área de educação observa que seus alunos parecem obter melhor desempenho acadêmico quando têm acesso ao material de estudo antes da aula (*observação*). Dessa forma, ele supõe que isso ocorra porque, ao ler o material com antecedência, os alunos assistem às aulas mais relaxados e podem fazer perguntas de melhor qualidade (*geração de hipóteses*). O pesquisador decide, então, testar essa suposição da seguinte forma: distribui seus alunos em dois grupos. O primeiro terá acesso ao material antes da aula, ao passo que o segundo, não. Ao longo de seis meses de aulas, o pesquisador aplica provas de conhecimentos para acompanhar o desenvolvimento da compreensão dos alunos sobre o tema ensinado e observa o seu comportamento em sala de aula, o tipo de pergunta que fazem etc. (*experimentação*). Ao final de todo o processo, ele compara as notas dos alunos dos dois grupos e verifica que sua suposição estava correta: "alunos que têm acesso ao material instrucional com antecedência apresentam desempenho acadêmico superior, pois assistem às aulas mais relaxados e fazem perguntas de melhor qualidade" (*generalização*).

Já temos uma noção do que é o método científico, mas e a ciência, o que seria? Diversos autores têm tentado defini-la e, nos próximos capítulos da

8 METODOLOGIA DA CIÊNCIA

primeira parte deste livro, vamos investigar em detalhes sua história e principais conceitos. Mas, por ora, vejamos a etimologia da palavra: *ciência* vem do latim *scientia* (ou *episteme*, em grego), que, por sua vez, tem sua origem no termo *scire*, cujo significado é "aprender, conhecer" (APPOLINÁRIO, 2004). Vejamos o que dizem alguns autores importantes sobre a ciência:

Quadro I.2 Algumas definições de ciência

Ander-Egg	Marx & Hillix	Karl Popper	Newton da Costa
"Conjunto de conhecimentos racionais, certos ou prováveis, obtidos metodicamente, sistematizados e verificáveis, que fazem referência a objetos de uma mesma natureza" (ANDER-EGG, 1978, p. 15).	"Atividade pela qual os homens adquirem um conhecimento ordenado dos fenômenos naturais, trabalhando com uma metodologia particular (observação controlada e análise) e um conjunto de atitudes (ceticismo, objetividade etc.)" (MARX; HILLIX, 1978, p. 19).	"Um cientista, seja teórico ou experimental, formula enunciados ou sistemas de enunciados e verifica-os um a um. No campo das ciências empíricas, ele formula hipóteses e submete-as a testes, confrontando-as com a experiência, através de recursos de observação e experimentação" (POPPER, 1974, p. 27).	"A ciência consiste essencialmente em sistemas de conhecimentos alcançados por caminho racional. Seu propósito: o conhecimento científico, isto é, uma série de crenças verdadeiras e justificadas, dentro das fronteiras da racionalidade (...) poder-se-ia dizer que a razão sozinha conduz, em princípio, às ciências formais; razão mais experiência, às reais" (COSTA, 1999, p. 41).

Como se pode observar por meio dessas definições, a ciência parece possuir algumas características particulares especiais que a diferenciam de outras formas de conhecimento, como a arte, a religião, a filosofia e, é claro, o senso comum. Sim, caro leitor, existem mesmo diversas formas de conhecimento. Vejamos cada uma delas com mais detalhes.

O Conhecimento Religioso (ou Teológico)

Desde os primórdios da civilização, existe a crença em uma força superior, divina, que rege os destinos do universo. Essa crença, produto da fé e da transcendência, permitiu ao ser humano explicar e organizar uma realidade muitas vezes ameaçadora e perigosa. Por exemplo: quando perdemos um ente querido, a ciência não pode nos consolar, mas as matrizes explicativas religiosas nos trazem conforto e nos ajudam a suportar melhor a perda. A maioria de nós já se sentiu ligada, de alguma forma, a essa força divina que, em cada religião em particular, assume uma manifestação específica, como Buda para os budistas, Jesus Cristo para os cristãos ou o deus Rá para os antigos egípcios.

O conhecimento religioso, em seu sentido mais amplo, refere-se a qualquer conhecimento que não possa ser questionado ou testado, adquirindo, portanto, um caráter dogmático. O dogma é uma afirmação que não pode ser contestada e, por isso, acaba se constituindo na base da maioria das religiões. Por exemplo: se você for católico apostólico romano, deve, necessariamente, acreditar no "dogma da infalibilidade papal", que afiança ser impossível que o papa se engane sobre qualquer assunto, uma vez que ele seria, supostamente, o legítimo representante de Deus na Terra.

Outra característica interessante do conhecimento religioso refere-se ao seu caráter pessoal: a fé de uma pessoa não pode ser comunicada totalmente às outras. Ou seja, a "experiência religiosa" é muito pessoal, e essa "reconexão" (a palavra *religião* é derivada do termo latino *religare* – ligar novamente, ou seja, reconectar algo que já foi ligado em eras passadas: Deus e o homem) pode se dar tanto em uma cerimônia religiosa como em outras situações inusitadas – na observação de um lindo pôr do sol, por exemplo. Dessa forma, o "meu" Deus não é e nunca será igual ao "seu" Deus.

O Conhecimento Artístico

O conhecimento artístico é embasado na emoção e na intuição. Quando entramos em contato com uma obra de arte, seja ela uma pintura, uma escultura, uma música ou uma poesia, por exemplo, muitas vezes não conseguimos "colocar em palavras" o que estamos experienciando. Isso ocorre porque a informação veiculada pela manifestação artística é preponderantemente de natureza emocional. Observamos um quadro e ele nos "suscita" algo: uma irritação, uma sensação de paz, uma alegria indefinível etc.

É uma forma de conhecimento essencialmente não racional e difícil de ser capturada pela lógica. Aliás, o conhecimento artístico pode ou não assumir uma lógica similar ao senso comum e à ciência. A arte pode, na realidade, assumir qualquer forma, uma vez que o que vale é a relação especial que se estabelece entre o observador e o fenômeno observado. Por exemplo: podemos olhar para uma equação escrita em um quadro-negro e pensá-la sob a ótica da matemática (ciência) ou da estética (o equilíbrio dos termos, a cor do giz, a sonoridade de seus elementos etc.).

Outras duas características importantes do conhecimento artístico são: primeira, essa forma de conhecimento é inesgotável, ou seja, a informação estética contida em uma obra de arte será encarada de forma diferente por várias pessoas e também de vários modos por uma única pessoa, em momentos diferentes. Certamente você já teve a experiência de ler várias vezes um livro ou assistir diversas vezes ao mesmo filme, sempre observando elementos novos e tendo *insights* diferentes acerca da obra. Segunda, a informação estética não pode ser traduzida para outras linguagens sem perda de informação relevante. Por exemplo: tente descrever em palavras a obra *Mona Lisa*, de Leonardo da Vinci, para uma pessoa que jamais a tenha visto e você entenderá o que estamos dizendo.

O Conhecimento Filosófico

Pitágoras (século VI a.C.), por seus enormes conhecimentos, era frequentemente chamado de "sábio" por seus discípulos. Quando isso acontecia, ele retrucava: "Minha única sabedoria consiste em reconhecer minha própria ignorância. Assim, não devo ser chamado de sábio, mas antes de amante da sabedoria". E é exatamente isso o que significa a palavra *filosofia*, junção dos termos gregos *philos* (amor) e *sófia* (sabedoria).

Tentar definir em termos absolutos essa grandiosa área do conhecimento humano seria, no mínimo, um ato arrogante e destituído de propósito. Vamos fazer diferente: ao explorarmos um pouco o conceito, pelo menos caminharemos na direção de uma compreensão aproximada acerca das diferenças fundamentais entre essa forma de conhecimento e as outras. Para isso, pediremos auxílio a um dos maiores pensadores do século XX, o filósofo britânico Bertrand Russell (1872-1970):

> *A "filosofia", no meu entender, é algo intermediário entre a religião e a ciência. Semelhantemente à religião, a filosofia consiste de especulações sobre assuntos, com respeito aos quais não foi ainda possível obter conhecimento definido. Mas semelhantemente à ciência, a filosofia apela à razão humana, e não a uma autoridade, seja essa a autoridade da tradição ou da revelação. Todo conhecimento definido, é a tese que defendo, pertence à ciência; todo dogma a respeito daquilo que jaz além do conhecimento definido pertence à religião. Mas entre a religião e a ciência há uma terra de ninguém que está aberta a ataques de ambos os lados: essa terra de ninguém é a filosofia.*
> *(RUSSELL, 1945)*

Podemos dizer, então, que um dos mais fortes componentes presentes na filosofia é a razão. Naturalmente isso também ocorre na ciência, mas a diferença básica entre elas parece residir no método para a produção do conhecimento: a filosofia baseia-se fundamentalmente na razão, tanto como a ciência, mas, ao buscar comprovações empíricas acerca dos fatos, a ciência produz conhecimentos verificáveis. O filósofo norte-americano Richard Rorty disse algo muito elucidativo a esse respeito: "A filosofia é a disciplina por meio da qual se busca o conhecimento, porém só se obtém a opinião" (RORTY, 1982, p. 57).

Comparando as Formas de Conhecimento

Podemos considerar, à guisa de conclusão, que no mundo contemporâneo todas essas formas de conhecimento coexistem. Quando entramos em contato com um fenômeno qualquer, por exemplo, podemos pensá-lo por meio dessas cinco matrizes de compreensão. Assim, dependendo do ponto de vista, construiremos significados diferentes, dependendo da matriz de compreensão escolhida.

Digamos, por exemplo, que, enquanto você está aguardando o semáforo abrir, observa do seu automóvel a seguinte cena: uma pessoa, ao tentar atravessar distraidamente a rua, por pouco não é atropelada por um carro que consegue frear a tempo. Apesar do enorme susto, ela escapa ilesa e levanta as mãos para cima, gesticulando e murmurando alguma coisa que você não consegue ouvir.

Ao refletir posteriormente sobre essa cena, você pode pensá-la sob diversos ângulos:

- Deus deve ter dado outra chance àquela pessoa. Parece que o "recado" foi bem compreendido, pois ela agradeceu, comovida, pela proteção concedida pelos desígnios divinos [conhecimento religioso];
- é impressionante como as pessoas andam cada vez mais distraídas hoje em dia: quem não sabe que se deve olhar para os dois lados da via antes de atravessar? [conhecimento de senso comum];
- de fato, se os pneus não estivessem novos e calibrados e o automóvel não contasse com freios ABS, não teria sido possível freá-lo à velocidade de 60 km/h a uma distância de 20 m, como o motorista fez [conhecimento científico];
- a vida é realmente um fenômeno efêmero. Se é verdade que todos podemos morrer a qualquer hora, não convém perder tempo com futilidades [conhecimento filosófico];

- foi uma cena dantesca. O ruído do freio, o grito da mulher – aquela imagem produziu em mim uma emoção devastadora [conhecimento artístico].

Está certo, concordamos plenamente que não é tão fácil assim isolar as formas de conhecimento umas das outras. Nas frases citadas, nota-se claramente a dificuldade em estabelecer a diferença entre o conhecimento filosófico e o de senso comum, por exemplo. Mas observe com cuidado: no primeiro caso, existe um raciocínio lógico ("se a vida é efêmera, todos vamos morrer um dia; portanto não devemos gastar nosso tempo com bobagens"), enquanto, no segundo, há uma afirmação de caráter empírico e pessoal ("as pessoas andam cada vez mais distraídas hoje em dia").

No universo do discurso, simultaneamente produzimos e consumimos conhecimento em todas essas formas. De fato, dificilmente podemos isolar uma forma de conhecimento da outra, uma vez que todas estão amalgamadas em nossa atividade linguística. Por exemplo: o cientista também tem sua dimensão religiosa, espiritual. Além disso, ele não vai utilizar o raciocínio científico durante as 24 horas do dia, pois, como qualquer ser humano comum, também lida com problemas e situações cotidianas que lhe exigem decisões baseadas no senso comum, na lógica filosófica, na estética etc.

De qualquer forma, como podemos observar no Quadro 1.3, o conhecimento científico difere das outras formas de conhecimento em alguns aspectos, porém assemelha-se em outros. Mas, para efeitos desta introdução, vamos à sua essência: trata-se de um conhecimento concreto, real (vem dos fatos), organizado e sistematizado, obtido por meio de um processo bem-definido (método científico) e que pode ser replicado (outros pesquisadores, em qualquer parte do mundo, se repetirem as mesmas experiências e observações, devem chegar às mesmas conclusões do estudo original). Possui, ainda, duas características fundamentais, que serão analisadas nos próximos capítulos: a verificabilidade (para ser científico, o conhecimento deve ser passível de comprovação) e a falseabilidade (não se trata de um conhecimento definitivo: sempre pode vir a ser contestado no futuro, em função de novas pesquisas e descobertas).

Quadro 1.3 Comparação entre as diversas formas de conhecimento

Características	Formas de conhecimento					
	Senso comum	Artístico	Religioso	Filosófico	Científico
Vinculação com a realidade	Valorativo	Valorativo	Valorativo	Valorativo	Factual
Origem	Tradição oral, observação e reflexão	Inspiração	Fé/Inspiração	Razão	Observação e experimentação sistemática
Ocorrência	Assistemático	Assistemático	Sistemático	Sistemático	Sistemático
Comprobabilidade	Verificável	Não verificável	Não verificável	Não verificável	Verificável
Eficiência	Falível	Infalível	Infalível	Infalível	Falível
Precisão	Inexato	Não se aplica	Exato	Exato	Aproximadamente exato

Finalmente, para completarmos esta introdução, valeria a pena mencionar que as ciências encontram-se divididas em *ciências formais, naturais* e *sociais*. Há outras propostas classificatórias diferentes, mas essa parece ser uma visão de razoável consenso. Assim, as ciências formais seriam as que lidam unicamente com abstrações, ideias e estruturas conceituais não necessariamente ligadas aos fatos, como a matemática e a lógica. As ciências naturais como a biologia, a física e a química estudam os fenômenos naturais (a vida, o ambiente etc.). E, por fim, as ciências sociais dedicam-se à investigação dos fenômenos humanos e sociais, como a psicologia, a sociologia e a economia.

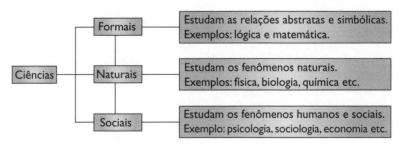

FIGURA 1.1 Proposta de classificação geral das ciências (APPOLINÁRIO, 2004)

14 METODOLOGIA DA CIÊNCIA

O objetivo deste capítulo foi apresentar ao leitor uma ideia geral introdutória do campo científico. Nos próximos capítulos, veremos como se deu o desenvolvimento da concepção científica acerca do mundo e do universo e por que ela é tão importante nos dias atuais.

Conceitos-Chave do Capítulo

Ciência

Método

Método científico

Senso comum

Conhecimento filosófico

Conhecimento religioso

Conhecimento artístico

Ciências formais

Ciências naturais

Ciências sociais

Leitura Complementar Recomendada

ALVES, R. *Filosofia da ciência:* introdução ao jogo e suas regras. São Paulo: Loyola, 2000.

Escrevendo de forma espirituosa, Rubem Alves nos conduz pelo mundo do raciocínio científico e da filosofia da ciência de uma maneira ao mesmo tempo sistemática e agradável. Repleta de exemplos e citações de autores consagrados da ciência e da filosofia, a obra explora com propriedade crítica as fronteiras entre o conhecimento científico e as outras formas de conhecimento.

SAGAN, C. *O mundo assombrado pelos demônios:* a ciência vista como uma vela no escuro. São Paulo: Companhia das Letras, 1997.

Nessa excelente obra, o astrônomo Carl Sagan faz uma defesa apaixonada da ciência, denunciando o vírus do analfabetismo científico que assola a cabeça da maioria das pessoas e desfazendo mal-entendidos comuns acerca do que seja ou não ciência.

Evolução das Ideias Científicas: Dos Gregos ao Positivismo

2

É difícil determinar com certeza, mas há indícios de que o homem tenha surgido sobre a Terra há aproximadamente 40 mil anos[1]. E, com esse evento, teve início o lento processo de constituição da linguagem e da cultura. Sabemos também que, desde tempos imemoriais, o homem, por meio da linguagem e do pensamento, desenvolve representações (na forma de ideias, crenças e conceitos) sobre o ambiente e sobre si mesmo, sem o que não seria possível desenvolver a chamada "cultura". Isso ocorre porque o homem não foi dotado de mecanismos biológicos ordenadores, que permitiram aos animais uma adaptação rápida e eficiente ao meio que os cercava. Em vez disso, ele desenvolveu a capacidade de construir modelos mentais sobre a realidade, a partir dos quais tornou possível a sua interação com essa mesma realidade.

Esse processo de construção social da realidade (BERGER; LUCKMANN, 2002) foi adquirindo características modeladoras diferentes ao longo do tempo. Assim, na chamada Antiguidade, o homem organizava suas referências em torno dos mitos transmitidos pela tradição oral. A partir da Idade Média, no entanto, essas referências passaram a tomar como base o conhecimento teológico, que,

---

[1] Os primeiros hominídeos surgiram na Terra provavelmente há cerca de 4 milhões de anos (os *Australopithecos*). O *Homo erectus* surgiu há cerca de 1,6 milhão de anos, o *Homo sapiens neanderthalensis* há 200 mil anos e, finalmente, o *Homo sapiens sapiens* há 40 mil anos (GOTTSCHALL, 2003).

16 METODOLOGIA DA CIÊNCIA

negando o mito, tornou-se a matriz dominante de explicação da realidade. Por volta do século XIV, no mundo ocidental, começou a surgir um movimento novo, em decorrência da grande dificuldade apresentada pelos modelos teológicos em explicar uma realidade mais complexa, fruto do contato do homem europeu com as outras culturas do planeta. Esse movimento, chamado de Renascimento, ensejou o uso privilegiado da consciência crítica e a necessidade de desenvolver maior controle humano sobre a natureza (FERREIRA, 1996).

O Renascimento permitiu finalmente que, a partir do século XVII, um novo empreendimento humano tomasse uma forma mais definida: a ciência. Com a derrocada da religião como principal instância organizadora da realidade social, o pensamento científico tomou o seu lugar e passa a ser a mais importante referência legitimadora da realidade vigente. Você, então, pode se perguntar: mas a religião não é uma parte essencial da vida e da subjetividade do homem contemporâneo? A resposta para essa pergunta seria sim e não. Explicando melhor: quando dizemos que, durante a Idade Média, a religião constituía-se na principal matriz organizadora da realidade, queremos dizer que, se um indivíduo qualquer necessitasse de uma referência de verdade a partir da qual pudesse se comportar, ele se voltaria para a religião e seus representantes: os sacerdotes.

Por exemplo: se um aldeão desejasse casar sua filha, primeiro pediria a opinião do sacerdote da aldeia. Aliás, naquela época, o sacerdote (representante legítimo do pensamento religioso) ditava as regras e normas acerca de praticamente todos os assuntos: saúde, alimentação, vida, morte e qualquer aspecto da vida prática do dia a dia, incluindo-se aí os padrões de comportamento e convivência social.

Por outro lado, nos dias de hoje, quando ficamos doentes, consultamos um médico; se precisamos construir uma casa, procuramos um arquiteto ou um engenheiro; se temos dificuldades emocionais, podemos recorrer a um psicólogo; se nossa empresa precisa melhorar seus processos de gestão, contratamos administradores, contadores e economistas. Procuramos sempre por profissionais que detenham, entre outras coisas, conhecimentos científicos e, por isso, podemos dizer que, desde o Renascimento até os dias de hoje, a principal instância legitimadora da verdade é a ciência e não a religião. Se ainda não estiver convencido disso, considere que o livro que você tem em mãos foi produzido pela tecnologia (uma das filhas diletas da ciência). Ou seja: sem o pensamento científico, não teríamos o automóvel, a luz elétrica, o forno de micro-ondas, o cartão de crédito etc.

EVOLUÇÃO DAS IDEIAS CIENTÍFICAS... 17

Isso significa dizer que o conhecimento religioso não existe mais? De forma alguma. O senso comum, a arte, a religião, a filosofia, o mito e a ciência – todas as formas de conhecimento – convivem (nem sempre de forma pacífica) na mente do homem contemporâneo. A tese aqui apenas assevera o fato de que é em torno principalmente da ciência que organizamos nossas vidas e a sociedade – embora a subjetividade humana seja constituída de representantes de todas as formas de conhecimento vistas no capítulo anterior.

Quadro 2.1 Alguns autores e aspectos de suas obras

Antiguidade Clássica (cerca de 600 a.C. – 300 d.C.)		
625-548 a.C.	Tales de Mileto	Considerado um dos primeiros filósofos do Ocidente, introduziu a matemática na Grécia. Partindo da observação dos fenômenos da natureza, elaborou conceitos que podiam ser generalizados.
570-500 a.C.	Pitágoras	Acreditava que o universo e todos os seus fenômenos podiam ser representados matematicamente. Considerava o pensamento uma fonte mais poderosa de conhecimento do que os sentidos.
460-370 a.C.	Demócrito	Idealizador do "atomismo": o universo seria composto por corpúsculos indivisíveis – os átomos. Advogava a favor da validade dos sentidos (percepção).
469-399 a.C.	Sócrates	Sua filosofia estava voltada não para a natureza, mas para o homem e a sociedade. Acreditava na supremacia da argumentação e do diálogo.
427-347 a.C.	Platão	Proponente do "idealismo": o mundo das ideias, do intelecto e da razão constituía-se na verdadeira realidade.
384-322 a.C.	Aristóteles	Desenvolveu a lógica, defendendo o intelecto e a reflexão como as fontes principais do conhecimento.
342-270 a.C.	Epicuro	Retomou o atomismo de Demócrito e defendeu a ideia de que o conhecimento era fruto da sensação, obtida por meio do contato dos sentidos com os fenômenos.
Idade Média (cerca de 300 – 1350)		
354-430	Santo Agostinho	Utilizou o racionalismo de Platão e Aristóteles para defender a doutrina cristã: Deus conduzia tudo o que acontecia no universo, tendo também o domínio do conhecimento, que só podia ocorrer pela iluminação.
1214-1292	Roger Bacon	Reafirmou a lógica de Aristóteles e antecipou a importância da observação aliada à experimentação.

(continua)

18 METODOLOGIA DA CIÊNCIA

Quadro 2.1 Alguns autores e aspectos de suas obras (continuação)

Idade Média (cerca de 300 – 1350)		
1225-1274	São Tomás de Aquino	Admitiu ser possível chegar a certas verdades por meio da razão e dos sentidos, além da iluminação divina. Para ele, o homem é livre porque é racional – o que o distingue de todos os outros seres.
1266-1308	Duns Scotus	Postulava a ideia da *tábula rasa*, isto é: a mente dos recém-nascidos encontrava-se em branco, devendo ser preenchida a partir dos sentidos – de onde vem todo o conhecimento.
Renascença (cerca de 1350 – 1650)		
1467-1536	Erasmo	Humanista, pregava a necessidade de integrar a razão e a espiritualidade, relativizando os dogmas.
1561-1626	Francis Bacon	Propôs a indução como principal motor para a produção de novos conhecimentos. Elaborou uma teoria do erro (os "ídolos" impediam o avanço da ciência).
1564-1642	Galileu Galilei	Considerado por muitos o primeiro cientista, uniu racionalismo e empirismo em seu método científico. Afirmava que não se podia conhecer a essência das coisas e que a ciência devia se ocupar apenas com os fatos observáveis. Marcou o rompimento definitivo entre a ciência e a filosofia.
1596-1650	René Descartes	Estabeleceu a ideia do dualismo mente–corpo e o método da dúvida no questionamento de todas as coisas, particularmente do que era proveniente dos sentidos. Adotou o raciocínio matemático como modelo para chegar a novos conhecimentos.
1588-1679	Thomas Hobbes	Empirista e racionalista. Acreditava que o conhecimento é possível devido à sensação, à imaginação e à razão.
1642-1727	Isaac Newton	Proponente da lei da gravitação universal, criou um modelo de ciência pautado na utilização da análise e da síntese, por meio da indução, para explicar os eventos naturais. Utilizou a observação dos fenômenos para construir as hipóteses que seriam testadas.
Iluminismo (cerca de 1650 – 1800)		
1685-1753	George Berkeley	Idealista radical, argumentou que não era possível pressupor a existência das coisas, apenas a das percepções. Para ele, "ser é ser percebido".

Iluminismo (cerca de 1650 – 1800)		
1711-1776	David Hume	Expoente do empirismo e forte crítico do racionalismo, defendeu a ideia de que todos os nossos conhecimentos provêm dos sentidos. Para ele, nossas ideias acerca do mundo eram meras consequências da associação mental e da organização das nossas percepções.
1713-1784	Denis Diderot	Editor da maior enciclopédia já produzida até então, lançou uma concepção de conhecimento e aprendizagem baseada na ciência, que viria a se tornar típica da modernidade.
Modernidade (cerca de 1800 – 1945)		
1798-1857	Auguste Comte	Criador do positivismo, doutrina segundo a qual somente o conhecimento científico é válido e genuíno. Assinalou quatro acepções para a palavra "positivo": real (em oposição a fantasioso), útil (em oposição a ocioso), certo (em oposição a indeciso) e preciso (em oposição a vago).
1929-1937	Círculo de Viena	Grupo de filósofos e cientistas que criou a doutrina do empirismo lógico e do princípio da verificabilidade, segundo o qual só é considerado verdadeiro o que pudesse ser empiricamente verificado, ou seja, confrontado com a própria realidade.
Contemporaneidade		
1902-1994	Karl Popper	Criticou o princípio da verificabilidade proposto pelo Círculo de Viena e propôs novo critério de demarcação entre a ciência e a não ciência: o princípio da falseabilidade.
1922-1996	Thomas S. Kuhn	Desenvolveu o conceito de paradigma científico, propondo a ideia de que a ciência avançava em grandes saltos qualitativos quando ocorriam mudanças nesses paradigmas. Propôs a tese da incomensurabilidade dos paradigmas.
1922-1974	Imre Lakatos	Aprimorou o conceito de paradigma de Kuhn, propondo a ideia de *hardcore*, conjunto de crenças aceitas e não questionáveis, compartilhadas por um conjunto de teorias. A ciência avançaria por meio da crítica aos aspectos externos ao *hardcore* dos programas de pesquisa, o qual nunca é refutável e somente é abandonado quando se muda de paradigma.

(continua)

20 METODOLOGIA DA CIÊNCIA

Quadro 2.1 Alguns autores e aspectos de suas obras (continuação)

Contemporaneidade		
1924-1994	Paul Feyerabend	Controvertido filósofo da ciência que sugeriu que as grandes inovações teóricas são muito mais fruto do acaso do que da ordem e que, portanto, todos os métodos convencionais são falaciosos e o poder universal da razão devia ser relativizado. Propôs um anarquismo metodológico.
1940-	Larry Laudan	Defende a tese de que a racionalidade e a progressividade das teorias científicas estão intimamente ligadas à sua eficiência na solução de problemas. A ciência, para ele, é basicamente uma atividade de solucionar problemas.

Não é intenção desta obra desenvolver uma cronologia completa acerca da ciência – se é que tal intento seria possível, de uma forma ou de outra. De qualquer maneira, o Quadro 2.1 procura mostrar uma visão geral de alguns autores selecionados que contribuíram para o surgimento do pensamento científico moderno, da Antiguidade Clássica até os dias atuais, em virtude da constituição de seus dois pilares fundamentais: o racionalismo e o empirismo, que passamos a ver.

O Primeiro Pilar Fundamental: Racionalismo

Atribui-se a Tales de Mileto (cerca de 625-548 a.C.) a introdução da matemática na Grécia, possivelmente a partir de conhecimentos que obteve em suas viagens ao Egito. Tales e seus seguidores – entre os quais Anaximandro e Anaxímenes – são considerados os fundadores da Escola de Mileto, responsável pelos grandes desenvolvimentos iniciais da astronomia e da geometria gregas. Esses pensadores inauguraram uma maneira de ver o mundo, estabelecendo uma ruptura com a concepção mitológica da realidade. Mas, de fato, apenas na geração seguinte ocorreu o primeiro fato significativo para o fluxo histórico que estamos explorando aqui: em Samos, uma ilha próxima a Mileto, nascia o filósofo Pitágoras (cerca de 570-500 a.C.), que procurou explicar o mundo e o universo por meio de um elemento muito especial: o número.

Para Pitágoras, o universo e todos os seus fenômenos eram formados por números: na música, ele estudou os intervalos harmônicos e as escalas musicais; na matemática, desenvolveu a ideia do famoso teorema que acabou levando seu nome e do qual decorreu a mais importante descoberta daquela época:

a de que nem toda quantidade podia ser expressa por números inteiros; e, finalmente, na astronomia, chegou a desenvolver os primeiros estudos acerca do movimento orbital dos planetas. De fato, com Pitágoras, o pensamento racional alcançou uma dimensão que jamais havia atingido.

Seguindo nessa rota, encontramos nossos próximos três personagens – talvez os filósofos gregos mais famosos de todos os tempos: Sócrates (cerca de 469-399 a.C.), Platão (cerca de 427-347 a.C.) e Aristóteles (384-322 a.C.). Devemos ao primeiro o desenvolvimento da fina arte da argumentação e do diálogo e, acima de tudo, o reconhecimento da nossa ignorância como o primeiro passo necessário para a obtenção do verdadeiro conhecimento. Seu método – a ironia – consistia basicamente em uma busca pela verdade por meio de um processo de perguntas e respostas que, em um primeiro momento, levavam o interlocutor a admitir a própria ignorância (momento da "refutação") para, posteriormente, fazer com que ele buscasse dentro de si próprio os conhecimentos que preexistiriam em sua alma (momento da "maiêutica"). Assim, para Sócrates, as ideias encontravam-se em um plano mais elevado que a experiência, e, portanto, o pensamento podia ser considerado uma virtude superior aos sentidos.

Seu discípulo, Platão, tendo sofrido forte influência do mestre, propunha a existência de dois mundos: o mundo das ideias e o mundo das coisas sensíveis – constituído pela realidade percebida pelos órgãos dos sentidos: o mundo em que vivemos, com todos os seus seres e objetos. O mundo das ideias, por outro lado, era o mundo das verdades eternas, invisíveis e incorpóreas, não obstante reais. Assim, por exemplo, os conceitos de beleza e coragem seriam eternos e indestrutíveis – porque concernentes ao perfeito mundo das ideias, do qual o nosso mundo sensível seria apenas uma mera cópia imperfeita.

Aristóteles de Estagira, discípulo de Platão, completa nosso triunvirato. Filósofo de obra extremamente vasta, Aristóteles foi responsável por uma das pedras fundamentais da ciência moderna: a *lógica*. Por meio de uma de suas principais obras, o *Órganum* (que, em grego, significa "instrumento"), entramos em contato com a sistematização máxima da linha de pensamento que estamos explorando, denominada *racionalismo*. Com Aristóteles, não apenas vemos reforçada a ideia da primazia da razão sobre os sentidos, como também temos acesso ao primeiro grande empreendimento histórico, levado a cabo por um único indivíduo, que logrou assentar as bases da ciência do discurso – divididas por ele em quatro elementos: a *poética*, a *retórica*, a *dialética* e a *analítica* (que hoje denominamos *lógica*). Em suma, Aristóteles não só apontou a supremacia da razão, como também a dissecou e sistematizou.

22 METODOLOGIA DA CIÊNCIA

Finalmente, dando um salto de 1.500 anos e mergulhando diretamente no Renascimento, encontramos nosso último personagem: o filósofo-símbolo do Iluminismo, René Descartes (1596-1650). Pensador francês versado em matemática, fisiologia, música, astronomia e filosofia, Descartes defendia a dúvida na existência de todas as coisas, particularmente das que fossem provenientes dos sentidos. Ele enunciou, em sua obra *Discurso sobre o método*, quatro preceitos metodológicos para chegar à verdade:

> *(...) o primeiro era o de jamais acolher alguma coisa como verdadeira que eu não conhecesse evidentemente como tal; isto é, de evitar cuidadosamente a precipitação e a prevenção, e de nada incluir em meus juízos que não se apresentasse tão clara e tão distintamente a meu espírito, que eu não tivesse nenhuma ocasião de pô-la em dúvida. O segundo, o de dividir cada uma das dificuldades que eu examinasse em tantas parcelas quantas possíveis e quantas necessárias fossem para melhor resolvê-las. O terceiro, o de conduzir por ordem meus pensamentos, começando pelos objetos mais simples e mais fáceis de conhecer, para subir, pouco a pouco, como por degraus, até o conhecimento dos mais compostos, e supondo mesmo uma ordem entre os que não se precedem naturalmente uns aos outros. E o último, o de fazer em toda parte enumerações tão completas e revisões tão gerais, que eu tivesse a certeza de nada omitir.*
> (DESCARTES, 1996 [1637], p. 45-46)

Descartes fez a apologia da matemática como a forma mais rigorosa de raciocínio a ser empregada em qualquer tipo de investigação científica, relegando a experimentação empírica a um plano secundário. Dessa forma, para ele, o conhecimento devia se estabelecer sobre o sólido alicerce da razão, instrumento mais seguro que a experiência e a observação, para que possamos atingir as verdades últimas.

O Segundo Pilar Fundamental: Empirismo

Retornemos, então, à aurora da civilização grega para percorrer outra trilha importante de pensadores: a do *empirismo*. Nessa nova senda, encontramos o pensador grego Demócrito (cerca de 460-370 a.C.), precursor de um movimento chamado "atomismo". Nascido em Abdera, uma colônia grega na costa da Trácia, Demócrito considerava o universo como sendo composto por um número infinito de partículas eternas, indivisíveis e indestrutíveis – os átomos:

"nada existe, a não ser átomos e espaço vazio; todo o resto é opinião" (DEMÓCRITO apud MARTINS, 2002). Criticando a noção anterior de que o universo seria composto pelos quatro elementos (terra, ar, fogo e água), Demócrito inaugurou a doutrina do atomismo, defendendo a ideia de que o eterno movimento entre os átomos e suas diferentes combinações explicariam a formação dos diversos corpos do universo.

Após um período de quase dois séculos de relativo esquecimento, a teoria atomista foi retomada por Epicuro (342-270 a.C.). Esse filósofo constitui um grande marco para a nossa trilha, visto que considerava a sensação como a maior fonte para a produção do conhecimento. Para Epicuro, as sensações originadas pelas perturbações atômicas e obtidas pelo contato direto do homem com os fenômenos do mundo eram a base para o conhecimento das coisas.

Embora o empirismo possa ter suas origens ainda incipientes traçadas desde o início da história grega, inegavelmente foi apenas no século XVII que essa doutrina adquiriu a importância devida. De fato, esse reconhecimento deveu-se, em grande parte, às ideias do pensador inglês Francis Bacon (1561-1626).

Embora não tenha sido propriamente um cientista, Bacon traçou as linhas fundamentais da ciência moderna (JAPIASSÚ, 1995). Sua importância reside em inúmeras contribuições, inclusive no que se refere à finalidade da própria ciência, uma vez que, para ele, ela devia contribuir para a melhoria das condições de vida do ser humano. De fato, Bacon considerava que o conhecimento em si não possuía nenhum valor, mas apenas os resultados práticos que dele adviessem.

Mas vamos nos centrar em dois aspectos fundamentais das ideias de Bacon: o desenvolvimento de sua *teoria dos ídolos* e do *método indutivo*. Em sua obra *Novum organum* ("Novo instrumento", em referência à obra original de Aristóteles), Bacon expôs sua crítica aos acadêmicos da época, defendendo a ideia de que o princípio de todo o conhecimento era a observação da natureza. E essa observação devia se encontrar livre de certos preconceitos, os quais ele denominou *ídolos* (do termo grego *eidolon*, que significa simulacro, imagem, fantasma). Bacon enumerou quatro tipos principais de ídolos:

a) os *idola tribus* (ídolos da tribo), ou seja, a tendência de o ser humano julgar as coisas não como elas são, mas como lhe parecem: o excesso de confiança nos sentidos;

b) os *idola specus* (ídolos da caverna), ou seja, os erros de julgamento ocasionados pelas nossas disposições pessoais (como a personalidade, os estados de humor etc.): a influência da subjetividade sobre o intelecto;

c) os *idola fori* (ídolos do foro), ou seja, os erros provenientes das relações sociais e, sobretudo, do uso ambíguo da linguagem, incluindo aqui a opinião pública e o senso comum: os hábitos semânticos arraigados que distorcem a interpretação correta dos fatos;

d) os *idola theatri* (ídolos do teatro), ou seja, os enganos proporcionados pela tradição e autoridade conferidas aos autores e teorias clássicas, incluindo aí a religião: a aceitação sem crítica das falsas teorias e dos falsos sistemas filosóficos.

Para Bacon, portanto, essas eram as fontes fundamentais dos erros humanos, daí a necessidade premente de evitarmos incorrer nesses ídolos. A importância capital da crítica que ele fez dos preconceitos de sua época sinaliza-nos um fato muito importante: Bacon, de fato, elaborou uma primeira teoria do erro, ou seja, legou-nos a ideia de que o método (científico) devia ser desenvolvido a partir de uma preocupação permanente com a sua integridade. Dizendo de outra forma, Bacon mostrou que a subjetividade podia distorcer a coleta e a análise metódica dos dados que vêm da realidade empírica.

A outra contribuição vital desse pensador reside em sua proposta para um novo processo indutivo – diferente do desenvolvido por Aristóteles, o qual consistia praticamente em uma simples enumeração de fatos. O método indutivo baconiano baseia-se, em primeiro lugar, em uma observação rigorosa dos fatos individuais, seguida de sua classificação e, por fim, da determinação de suas causas, por meio de experimentos. Trata-se, portanto, da extração de uma conclusão geral, a partir da observação de uma série de fatos particulares (voltaremos ao tema da indução no Capítulo 3).

Galileu Galilei: Fundindo os Dois Pilares

Finalmente, chegamos ao "início" de nossa história: ao fundir *racionalismo* (a *razão* é a mais importante fonte de conhecimento) e *empirismo* (a *experiência* é a mais importante fonte de conhecimento), Galileu Galilei (1564-1642) tornou-se o primeiro cientista moderno. Proclamando o princípio da independência do pensamento científico das interferências religiosas e filosóficas, ele foi o pioneiro em estabelecer um marco divisório claro entre ciência, filosofia e religião.

Devemos a Galileu o estabelecimento do método científico moderno, composto pelas etapas de observação, geração de hipóteses, experimentação, mensuração, análise e conclusão. Dentre suas obras, destaca-se *Discorsi i demonstrazioni matematiche intorno a due nuove scienze* (conhecida como os *Discorsi*), publicada quando Galileu tinha 74 anos e, completamente cego, permanecia confinado pela Inquisição por sua defesa da tese de que o Sol, e não a Terra, ocupava o centro do sistema planetário – dentre outras ideias "perigosas". Os *Discorsi* foram escritos em forma de diálogos (como também muitas de suas outras obras), seguindo uma tradição que era forte na Grécia clássica e se tornara novamente comum no Renascimento. Os três personagens e interlocutores dos *Discorsi* são: Salviati (que representa o próprio Galileu), Simplício (que defende a filosofia e a física de Aristóteles) e Sagredo (indivíduo prático e de mentalidade aberta, que atua como uma espécie de árbitro entre as duas posições em conflito).

Galileu pode ser considerado o responsável pela revolução científica moderna, por defender a matemática e a geometria como as linguagens da ciência, estabelecer o teste experimental como principal forma de avaliar a veracidade das hipóteses e definir o experimento como o "diálogo da razão com a realidade" (KÖCHE, 2000, p. 52). De fato, seu método inclui três princípios básicos: o primeiro refere-se à observação dos fenômenos, tais como eles ocorrem, sem que o cientista se deixe perturbar por ideias não científicas (ideias religiosas ou filosóficas, por exemplo). O segundo é o de que toda afirmação deve ser verificada por meio de experimentos científicos controlados, ou seja, o cientista deve produzir uma situação em que o fenômeno observado possa ser manipulado. E, finalmente, o terceiro princípio estabelece que toda conclusão só pode advir da matematização dos resultados observados nos experimentos: "O livro da natureza está escrito em caracteres matemáticos (...) e, sem o seu conhecimento, os homens não poderão compreendê-lo" (GALILEU, 1996 [1623], p. 9).

Auguste Comte e o Positivismo

Nosso último personagem nesse segmento é o pensador Auguste Comte (1798-1857). Vivendo no período pós-revolucionário francês, Comte desenvolveu um sistema de ideias cuja amplitude abarcava não só a ciência, como também a religião e a filosofia. Seu ideário, chamado de positivismo, podia ser sintetizado na busca por uma ordem definitiva e eterna.

Para Comte, a natureza seria composta por fenômenos ordenados de forma imutável e inexorável, cabendo à ciência apenas observá-la e descrevê-la. Dessa forma, os processos da natureza deviam ser descritos, e não explicados – por isso, ele pretendia eliminar a atividade de formulação de hipóteses dos procedimentos científicos. A própria evolução da humanidade seguiria uma ordem histórica predeterminada, que ele denominou lei dos três estados: o teológico, o metafísico e o positivo:

> *No estado teológico, o espírito humano, dirigindo essencialmente suas investigações para a natureza íntima dos seres (...) apresenta os fenômenos produzidos pela ação direta e contínua de agentes sobrenaturais mais ou menos numerosos, cuja intervenção arbitrária explica todas as anomalias aparentes no universo. No estado metafísico (...) os agentes sobrenaturais são substituídos por forças abstratas, verdadeiras entidades (abstrações personificadas) inerentes aos diversos seres do mundo, e concebidas como capazes de engendrar por elas próprias todos os fenômenos observados, cuja explicação consiste, então, em determinar para cada um uma entidade correspondente. Enfim, no estado positivo, o espírito humano, reconhecendo a impossibilidade de obter noções absolutas, renuncia a procurar a origem e o destino do universo, a conhecer as causas íntimas dos fenômenos, para preocupar-se unicamente em descobrir, graças ao uso bem combinado do raciocínio e da observação, suas leis efetivas, a saber, suas relações invariáveis de sucessão e similitude.*
> (COMTE, 1996 [1830], p. 22)

O estado que Comte denominou positivo referia-se, então, à primazia do conhecimento científico que, todavia, para ser considerado positivo, devia atender a certos preceitos. Assim, o conhecimento positivo devia ser *real* (em oposição a quimérico, ou seja, fantasioso, especulativo), *útil* (em oposição a ocioso, estéril), *certo* (em oposição a indeciso, confuso) e *preciso* (em oposição a vago, indeterminado). O positivismo considerava, portanto, o conhecimento científico um conhecimento real, ou seja, embasado nos fatos: "Todos os bons espíritos repetem, desde Bacon, que somente são reais os conhecimentos que repousam sobre os fatos observados" (COMTE, 1996 [1830], p. 24).

O tema da ordem também aparecia, quase de forma obsessiva, em sua obra: "A ordem constitui sem cessar a condição fundamental do progresso e, reciprocamente, o progresso vem a ser a meta necessária da ordem [...] o progresso constitui, como a ordem, uma das condições fundamentais da civilização moderna" (COMTE, 1983 [1844], p. 47). Nunca é inconveniente lembrar, dessa forma, a considerável influência que o ideário positivista exerceu sobre o estabelecimento da República no Brasil, consubstanciada no próprio lema da bandeira brasileira: "Ordem e Progresso". Adquirindo as feições de verdadeira religião, o positivismo subsiste até os dias de hoje, em um templo positivista no estado do Rio Grande do Sul, com seus ritos e reuniões regulares (GOTTSCHALL, 2003).

Para o positivismo, então, o universo natural (e social) era regido por um conjunto de leis imutáveis e eternas, cabendo à ciência desvendá-las por meio de um método único: o uso de procedimentos (por exemplo, experimentação, comparação e classificação) que levassem à descoberta e à descrição dessas leis, a partir dos fatos e do uso do raciocínio.

Como pudemos observar até aqui, duas grandes tradições filosóficas podem ser consideradas os pilares fundamentais da ciência: o racionalismo e o empirismo, cada qual com seus defensores e críticos, até a fusão definitiva desses dois pilares – fruto da genialidade de Galileu.

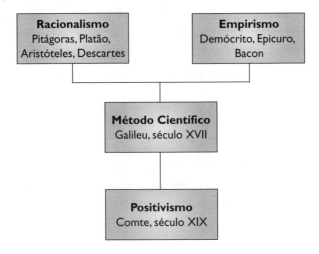

Figura 2.1 Os dois pilares da ciência

Não podemos deixar de mencionar, no entanto, que a história do pensamento científico é muito mais rica do que este texto pode sugerir a um leitor mais desatento. De fato, o período de tempo compreendido entre os séculos XVII e XIX foi extremamente profícuo em ideias e personagens importantes, muitos dos quais conviveram e até colaboraram ou mesmo se rivalizaram, como foram os casos de Francis Bacon, Galileu Galilei, René Descartes e

28 METODOLOGIA DA CIÊNCIA

Thomas Hobbes, todos da mesma época. Nessa fase inicial da ciência, que podemos designar como fase *formativa*, muitos autores importantes foram omitidos, como Isaac Newton (1642-1727), George Berkeley (1685-1753) e David Hume (1711-1776), apenas para citar alguns (ver Quadro 2.1). Em vista disso, para uma visão mais completa, sugerimos ao leitor observar as indicações bibliográficas complementares mencionadas ao final do capítulo.

Conceitos-Chave do Capítulo

Racionalismo   Empirismo   Positivismo

Leitura Complementar Recomendada

ANDERY, M. M. et al. *Para compreender a ciência:* uma perspectiva histórica. 12. ed. São Paulo: Educ, 2003.

Esse livro, escrito por diversos autores, propõe o entendimento da ciência a partir da análise do contexto histórico e social das diversas épocas em que as ideias científicas foram surgindo. Embora alguns capítulos apresentem certo viés ideológico extemporâneo, a obra é muito útil, principalmente no período histórico que vai dos pré-socráticos até o final do século XVIII.

GOTTSCHALL, C. A. M. *Do mito ao pensamento científico:* a busca da realidade, *de Tales a Einstein.* São Paulo: Atheneu, 2003.

Obra rigorosa e completa, perfaz minuciosamente o percurso apresentado neste capítulo apenas de forma muito resumida. A leitura não é das mais fluentes e a editoração do livro não ajuda muito, mas o desafio vale para quem quer estudar esse tema em detalhes.

JAPIASSÚ, H. *Francis Bacon:* o profeta da ciência moderna. São Paulo: Letras e Letras, 1995.

Conta a história das ideias do filósofo Francis Bacon, precursor do pensamento científico moderno, de forma acessível e agradável. Em sua segunda parte, junta textos selecionados das próprias obras do filósofo.

RUSSELL, B. *História do pensamento ocidental.* Rio de Janeiro: Ediouro, 2001.

Obra clássica e fundamental para quem deseja compreender a história das ideias que moldaram nossa maneira de pensar e nossa visão de mundo, proporcionando uma narrativa histórica concisa do mundo ocidental, dos gregos antigos até a era contemporânea.

Os Grandes Debates da Ciência Contemporânea

3

Seguindo pela trilha que percorremos até aqui, exploramos, neste capítulo, um pouco da história, dos personagens e das ideias que tantas polêmicas causaram ao longo do século XX na filosofia da ciência. É importante ressaltar que a grande questão proposta nesse período é a referente à demarcação entre o que seria e o que não podia ser considerado conhecimento científico. Na segunda metade do século XIX (período imediatamente anterior ao que analisamos a seguir), importantes pensadores, como Jules Henri Poincaré (1854-1912), Ernst Mach (1838-1916) e Pierre Duhem (1861-1916), procuraram pôr à prova as afirmações filosóficas embasadoras do pensamento científico até então. O termo *metafísica* se popularizou entre os intelectuais, passando a significar qualquer tipo de forma de conhecimento que não o científico. No início do século XX, surgiram os primeiros pensadores que tentaram estabelecer uma diferença clara entre a metafísica e a ciência.

O Positivismo Lógico do Círculo de Viena

Essa postura doutrinária, predominante na filosofia da ciência até pelo menos a metade do século XX, surgiu quando, a partir de 1922, um grupo de filósofos e cientistas começou a se reunir em Viena (Áustria) e a debater as grandes questões científicas da época. O grupo, fundado pelo físico alemão Moritz Schlick e do qual participaram diversos pensadores da época – como Rudolf

30 METODOLOGIA DA CIÊNCIA

Carnap, Otto Neurath, Kurt Gödel, Herbert Feigl, entre muitos outros –, acabou sendo batizado de Círculo de Viena. Em 1929, o grupo publicou um manifesto intitulado *Uma visão científica do mundo – Círculo de Viena*, no qual tornava pública sua posição filosófica, convencionalmente denominada *positivismo lógico*.

Segundo essa doutrina, a base da ciência devia se assentar sobre a matemática e a lógica, uma vez que elas seriam as únicas ferramentas geradas pelo pensamento humano capazes de estabelecer as regras da linguagem – fundamentais para a formulação das afirmações científicas. Assim, para o positivismo lógico, as afirmações metafísicas careciam de significado e, portanto, deviam ser separadas das afirmações genuinamente científicas – denominadas, por eles, enunciados sintéticos.

Os enunciados sintéticos seriam os que podiam ser confrontados com as evidências empíricas disponíveis, além de também serem passíveis de tradução para a lógica simbólica, em uma sequência de proposições simples, claras e não ambíguas. Por exemplo, tomemos o seguinte enunciado: "Todos os metais, quando submetidos ao aquecimento, apresentam dilatação; sendo a prata um metal, logicamente, quando aquecida, deve também se dilatar". Esse enunciado, nos termos da lógica simbólica, pode ser expresso da seguinte forma:

Proposições	Representação simbólica
Metais, quando aquecidos, dilatam-se.	$a \rightarrow b$
A prata é um metal.	a
Logo, a prata, quando aquecida, dilata-se.	$\mid b$

O positivismo lógico propunha, então, a explicitação das afirmações por meio da análise lógica, objetivando superar as dificuldades geradas pelo uso impróprio da linguagem. Quando um enunciado exprimisse, de fato, uma realidade, então podia ser considerado verdadeiro; caso contrário, seria um enunciado metafísico.

Além disso, o positivismo lógico ressaltava o papel da *indução* como o principal processo por meio do qual se podiam gerar conclusões científicas válidas. Podemos entender a indução como um método de raciocínio no qual partimos de uma série de observações particulares para chegar a uma conclusão generalizante. Assim, vejamos:

Exemplo 1:

Proposição 1	O ferro conduz eletricidade
Proposição 2	A prata conduz eletricidade
Proposição 3	O cobre conduz eletricidade
Conclusão	Todos os metais conduzem eletricidade

Exemplo 2:

Proposição 1	A Terra é um planeta e não possui brilho próprio
Proposição 2	Saturno é um planeta e não possui brilho próprio
Proposição 3	Vênus é um planeta e não possui brilho próprio
Proposição 4	Netuno é um planeta e não possui brilho próprio
Conclusão	Nenhum planeta possui brilho próprio

O processo indutivo, então, produziria suas conclusões com base em fortes evidências empíricas, sendo, por excelência, o processo pelo qual podíamos obter e confirmar hipóteses e enunciados gerais a partir de observações pontuais da realidade. A ideia do "processo indutivo como motor da ciência" acabou redundando no chamado *princípio da verificabilidade*, postulado segundo o qual só seria considerado científico o enunciado que pudesse ser verificado, isto é, posto à prova, por meio de uma validação empírica – por exemplo, um experimento.

Segundo o princípio da verificabilidade, se uma afirmação não pudesse ser verificada, então pertenceria ao reino da metafísica, e não da ciência: "Se não houver meio possível de determinar se um enunciado é verdadeiro, esse enunciado não terá significado algum, pois o significado de um enunciado confunde-se com o método de sua verificação" (WAISSMANN, 1930 apud POPPER, 1974 [1934], p. 41).

Essa posição inicial do Círculo de Viena acabou se mostrando controversa e altamente questionável, em razão do fato de que muitas das leis naturais em voga, à época, não podiam ser verificadas de forma definitiva. Por isso, um dos mais proeminentes membros do Círculo, o filósofo Rudolf Carnap (1891-1970), procurou abrandar essa ideia, criando novo critério para a determinação dos enunciados científicos: o *confirmacionismo*.

Segundo esse novo princípio, os enunciados científicos estariam sujeitos a certo grau probabilístico de confirmação, dependendo da quantidade de vezes que fossem submetidos à prova empírica, ou seja, quanto maior o número de eventos singulares aferidos no processo indutivo, maior o grau de confirmação da conclusão obtida, indicando que o grau de confirmação de uma teoria ia se alterando com o tempo. Dessa forma, segundo esse novo critério, as teorias seriam cada vez mais confirmadas por meio do acúmulo de testes, embora nunca pudessem ser declaradas como definitivamente verdadeiras – pois Carnap não deixou claro se, a partir de determinado número crítico de experimentos confirmatórios, a teoria podia ser considerada totalmente comprovada.

Karl Popper e o Princípio da Falseabilidade

Muito embora já no século XVIII o filósofo britânico David Hume (1711-1776) tivesse questionado a utilidade da indução como mecanismo válido para a descoberta, foi somente em 1934, com a publicação da obra *A lógica da pesquisa científica* (ver *Leituras Complementares Recomendadas*), que Karl R. Popper (1902-1994) formulou sua famosa crítica:

> *Ora, está longe de ser óbvio, de um ponto de vista lógico, haver justificativa em inferir enunciados universais de enunciados singulares, independentemente de quão numerosos sejam estes; com efeito, qualquer conclusão escolhida desse modo sempre pode revelar-se falsa: independentemente de quantos casos de cisnes brancos possamos observar, isso não justifica a conclusão de que todos os cisnes sejam brancos.*
> (POPPER, 1974 [1934], p. 28)

Popper denominou essa questão de "o problema da indução": ao contrário da dedução, não havia nenhuma garantia de que a conclusão obtida a partir do raciocínio indutivo fosse definitivamente verdadeira – pois sempre podia surgir um "cisne negro" para acabar com a história. Ao formular essa crítica à indução, Popper procurava desenvolver um novo critério de demarcação entre a metafísica (pseudociência) e a verdadeira ciência, à qual ele denominava "ciência empírica".

Para Popper, as pseudociências de sua época (por exemplo, a psicanálise de Freud, o marxismo, a astrologia etc.) deviam ser efetivamente separadas da ciência empírica. Mas, para isso, o critério utilizado pelo positivismo lógico – o verificacionismo – não servia: para ele, uma teoria nunca seria comprovada por meio da indução, dos testes empíricos ou das observações sucessivas, pois não havia como saber se essas observações seriam em número suficiente, além do fato óbvio de que a observação seguinte podia contradizer tudo que a precedeu (por causa do problema da indução).

Dessa forma, Popper concluiu que as observações e testes empíricos sucessivos não teriam a capacidade de provar que uma teoria era verdadeira – apenas que era falsa. Com isso, ele determinou um novo princípio de demarcação entre a ciência e a metafísica, chamado *princípio da falseabilidade*:

> *(...) só reconhecerei um sistema como empírico ou científico se ele for passível de comprovação pela experiência. Essas considerações sugerem que deve ser tomado como critério de demarcação não a verificabilidade, mas a falseabilidade de um sistema. Em outras palavras, não exigirei que um sistema científico seja suscetível de ser dado como válido, de uma vez por todas, em sentido positivo; exigirei, porém, que sua forma lógica seja tal que se torne possível validá-lo através de recurso a provas empíricas, em sentido negativo: deve ser possível refutar, pela experiência, um sistema científico empírico. Assim, o enunciado "Choverá ou não choverá aqui, amanhã" não será considerado empírico, simplesmente porque não admite refutação, ao passo que será considerado empírico o enunciado "Choverá aqui, amanhã".*
>
> (POPPER, 1974 [1934], p. 42)

Vemos, então, que, para um enunciado ser considerado científico, deve haver a possibilidade, pelo menos em tese, de que possa ser refutado (falseado). Tomando o Exemplo 1 utilizado há pouco, para que a afirmação "Todos os metais conduzem eletricidade" seja falseada, bastaria que descobríssemos a existência de um único tipo de metal que não conduzisse eletricidade. Esse evento leva o nome de *falseador potencial* da lei ou teoria. O evento falseador é uma proibição: a teoria diz que não podem existir metais não condutores de eletricidade. Para Popper, quanto mais falseadores potenciais uma teoria tiver, ou seja, quanto maior o número de proibições da teoria, maior o seu conteúdo empírico e, consequentemente, sua qualidade científica.

Paradigmas Científicos e Programas de Pesquisa

Como pudemos observar, Karl Popper tinha uma visão das teorias científicas como modelos que, por meio do acúmulo gradual de evidências empíricas, seguiam mantendo-se intactos até que, em determinado momento, eram falseados e postos

34   METODOLOGIA DA CIÊNCIA

de lado. Essa visão acerca de como as ideias científicas evoluiriam começou a ser contestada no início dos anos de 1960 por outro filósofo da ciência, o norte-americano Thomas Kuhn (1922-1996). Em sua obra mais conhecida, *A estrutura das revoluções científicas* (ver *Leituras Complementares Recomendadas*), Kuhn desenvolveu uma análise histórica na qual nos apresentou o conceito de *paradigma*.

De modo simplificado, podemos entender o termo *paradigma* como um conjunto de crenças, valores, técnicas e conceitos compartilhados pelos membros de uma comunidade científica específica e que, durante algum tempo, fornecem os modelos de análise para os problemas científicos em determinada área do conhecimento. Segundo Kuhn, a história da ciência nos mostraria que, periodicamente, um paradigma era substituído por outro – embora isso não ocorresse em virtude de uma simples observação incompatível com a teoria, conforme atestava o princípio da falseabilidade popperiano. De fato, um experimento, uma observação ou um teste nunca eram totalmente incompatíveis com uma teoria, sendo que um modelo "falseado" não precisaria necessariamente ser descartado pelo cientista.

Para explicar melhor como se daria a passagem de um paradigma para outro, Kuhn criou os termos *ciência normal* e *revolução científica*. Durante o período de ciência normal, os cientistas trabalhariam aperfeiçoando um determinado paradigma, resolvendo os problemas nele circunscritos, elaborando novas leis e modelos, de acordo com os parâmetros estabelecidos por ele. Quando as observações e experimentos cumulativamente começassem a apresentar anomalias inexplicáveis, surgiria a crescente suspeita, por parte de alguns membros da comunidade científica, de que o paradigma não serviria mais para explicar a classe de fenômenos em questão.

Quando isso ocorresse se instauraria uma crise – e a ciência adentraria o seu período revolucionário, no qual alguns pesquisadores (notadamente os mais jovens, ainda não totalmente comprometidos com o conhecimento tradicional) proporiam um novo paradigma, o que provocaria uma ruptura na comunidade, com os defensores dos dois paradigmas – o vigente e o proposto – defendendo sua posição. Segundo Kuhn, não faltariam exemplos históricos ilustrativos desse tipo de ocorrência, como quando Copérnico postulou o paradigma heliocêntrico em oposição à teoria anterior, o geocentrismo de Ptolomeu, ou mesmo quando o paradigma relativístico de Einstein abalou radicalmente as crenças universalistas da física newtoniana.

Em razão das críticas recebidas por ocasião da publicação de seu livro (op. cit.), Kuhn reconheceu algumas falhas, ligadas principalmente ao uso do termo "paradigma" em diversos sentidos ao longo de sua obra. Em função disso, propôs a sua substituição pelo termo "matriz disciplinar", que representaria melhor a ideia de um "mapa" a ser utilizado pela comunidade científica, no âmbito de determinada disciplina (área de conhecimento), e que forneceria, então, as inter-relações entre os diversos conceitos e pressupostos compartilhados entre os cientistas defensores de determinada matriz disciplinar. Entretanto, esse termo não vingou, e a palavra *paradigma* continua imperando no vocabulário comum sobre esse tema.

Outra importante ideia desenvolvida por ele dizia respeito à impossibilidade de compararmos paradigmas: quando ocorresse o surgimento de um novo paradigma, seria muito difícil encontrar termos de comparação entre ele e o anterior, pois cada um partiria de pressupostos radicalmente diferentes e, portanto, a própria visão de mundo proposta por eles em particular seria totalmente singular, não cabendo comparação. Essa ideia acabou levando o nome de *tese da incomensurabilidade* – ou seja, os paradigmas seriam incomensuráveis (incomparáveis, não mensuráveis). Como exemplo, podemos pensar na comparação entre a física clássica de Newton e a física relativística de Einstein: os pressupostos e a visão de universo de uma e de outra são incomensuráveis; os próprios conceitos, embora levem os mesmos nomes, também possuem significados diferentes nos dois paradigmas – como é o caso dos conceitos de tempo e espaço, que na física clássica representam referenciais absolutos para a determinação do movimento dos objetos, enquanto na física relativística representam entidades sujeitas à deformação (contração do espaço e dilatação do tempo) – e, portanto, não servem mais como referenciais absolutos, mas apenas relativos.

Finalmente, vale a pena mencionar também a posição instrumentalista e pragmática de Kuhn em relação às teorias científicas: para ele, as teorias não seriam nem verdadeiras nem falsas – tratava-se apenas de avaliar se elas funcionavam ou não em suas previsões acerca dos fenômenos que se propunham a explicar. Assim, uma teoria constituía-se apenas em mera ferramenta para fazer previsões. Quando deixasse de ser útil para essa função, a teoria seria substituída por outra melhor (um novo paradigma).

Outro autor que muito colaborou para os intensos debates desse período foi o matemático e filósofo húngaro Imre Lakatos (1922-1974). Tendo sido um seguidor das ideias de Popper, Lakatos concordava com o princípio da falseabilidade, ao qual agregou contribuições importantes. A principal contribuição de Lakatos constituiu-se na amenização desse princípio: a história da ciência demonstraria que as teorias nunca eram completamente abandonadas, mesmo quando refutadas. Para ele, as teorias se sucederiam, tendo partes em comum umas com as outras – ou seja, não haveria uma ruptura completa entre uma teoria falseada e outra que a substituiu. Lakatos nomeou essa sucessão de teorias ligadas entre si por partes comuns de *programa de pesquisa*.

Um programa de pesquisa seria um termo comparável à ideia de paradigma de Kuhn, apenas com a diferença de que o primeiro mudaria lenta e gradualmente e não "revolucionariamente", como na ideia da substituição de um paradigma por outro. De fato, os programas de pesquisas teriam um "núcleo rígido" (conhecido pelo nome de *hardcore*), composto pelos pressupostos fundamentais de determinada disciplina científica. Ao redor desse *hardcore*, haveria teorias mais provisórias, sujeitas à substituição rápida, caso não se mostrassem efetivamente confiáveis. Por exemplo: o *hardcore* da astronomia copernicana consistiria no pressuposto básico de que a Terra gira sobre si mesma, ao longo de um dia, e ao redor do Sol, no período de um ano, e os demais planetas também orbitam o Sol. Já na teoria da evolução de Darwin, o *hardcore* seria a hipótese acerca do mecanismo de seleção natural.

Dizendo de outra forma, para Lakatos, os programas de pesquisa seriam compostos por dois elementos: uma estrutura interna central, que não pode ser modificada sob pena de implosão do programa de pesquisa, e outra mais periférica, sujeita a permanentes modificações e retificações. Para ele, ocorreria a mudança de paradigma quando o *hardcore* de um programa de pesquisa se mostrasse ineficiente para "competir" com outro *hardcore* de um novo programa de pesquisa (LAKATOS, 1970, 1978).

O Anarquismo Metodológico de Feyerabend

Popper, Kuhn e Lakatos desenvolveram suas obras ressaltando a importância de termos não só critérios objetivos que servissem para separar claramente a ciência da metafísica, como também parâmetros precisos que permitissem a avaliação das teorias científicas. Nesse sentido, Kuhn chegou até a formular algumas regras que permitiriam avaliar a qualidade de uma teoria científica, como a necessidade de exatidão (as previsões das teorias deviam estar quantitativamente de acordo com os resultados dos experimentos e observações), consistência (uma teoria deve estar isenta de contradições internas e ser compatível com outras teorias consideradas válidas na época), fecundidade (uma teoria devia não só levar a novas descobertas, como também sugerir novos problemas a serem resolvidos), entre outras.

Seguindo na contramão dessas ideias, o filósofo austríaco Paul Feyerabend (1924-1994) desenvolveu uma argumentação radicalmente inovadora, à qual denominou *anarquismo metodológico*, em sua obra sugestivamente intitulada *Contra o método*. Para Feyerabend, não existiria a possibilidade de estabelecer critérios objetivos para a avaliação das teorias científicas: em última instância, eram os fatores subjetivos que acabavam determinando o sucesso ou o fracasso de uma teoria – fatores como preferências estéticas, propaganda, fatores políticos e econômicos etc. Dessa forma, ao contrário da posição firmada pelo empirismo lógico, que defendia um padrão metodológico único para toda a "ciência", Feyerabend afirmava que:

> *(...) a ideia de que a ciência pode e deve ser governada de acordo com regras fixas e universais é simultaneamente não realista e perniciosa. É não realista, pois supõe uma visão por demais simples dos talentos do homem e das circunstâncias que encorajam ou causam seu desenvolvimento. E é perniciosa, pois a tentativa de fazer valer as regras aumentará forçosamente nossas qualificações profissionais à custa de nossa humanidade. Além disso, a ideia é prejudicial à ciência, pois negligencia as complexas condições físicas e históricas que influenciam a mudança científica. Ela torna a ciência menos adaptável e mais dogmática (...).*
> (FEYERABEND, 1997, p. 194)

Além disso, Feyerabend (1997, 2010) defendeu a ideia de que a ciência avançaria exatamente quando as normas metodológicas fossem violadas: a única regra metodológica que devia imperar era a que asseverasse a necessidade de se quebrar todas as regras. Para ele, o cientista devia obedecer ao *princípio da tenacidade* – ou seja, uma ideia devia ser lançada e testada, mesmo quando todas as evidências empíricas disponíveis a desacreditassem em princípio. É como se Feyerabend estivesse propondo uma espécie de preceito contra-indutivo, argumentando que a ciência avançaria somente quando se questionassem os fatos solidamente estabelecidos.

Questionando, então, a própria base racional do desenvolvimento científico, Feyerabend propôs um pluralismo anárquico-metodológico que serviria de motor para a proliferação do maior número possível de teorias, que deviam competir entre si pela primazia em sua área de conhecimento.

A Rebelião das Ciências Sociais

Já ao final do século XIX, com a crescente consolidação das ciências sociais, iniciaram-se as cada vez mais polêmicas divergências acerca da aplicabilidade

38 METODOLOGIA DA CIÊNCIA

automática dos métodos e procedimentos desenvolvidos pelas ciências naturais às pesquisas em ciências sociais. O filósofo alemão Wilhelm Dilthey (1833-1911), por exemplo, estabeleceu uma distinção que se tornou um marco notável nessas discussões: a diferença entre *explicação* (*erklären*) e *compreensão* (*versteben*). A explicação seria a operação básica presente nas ciências naturais, visando ao estabelecimento preciso de relações de causa e efeito entre os fenômenos observados. Já a compreensão seria o procedimento típico das ciências sociais, nas quais as causas de um fenômeno dificilmente podiam ser explicadas (determinadas), restando apenas a possibilidade da elaboração de um *sentido* ou *interpretação* para os fenômenos humanos.

A partir dessa ideia, o sociólogo Max Weber (1864-1920) propôs o estabelecimento de um novo método científico para as ciências sociais – o *método compreensivo*. Esse método consistia em entender o sentido que as ações humanas possuem, em vez de focalizar meramente os aspectos exteriores dessa ação:

> *Se, por exemplo, uma pessoa dá a outra um pedaço de papel, esse fato, em si mesmo, é irrelevante para o cientista social. Somente quando se sabe que a primeira pessoa deu o papel para a outra como forma de saldar uma dívida (o pedaço de papel é um cheque) é que se está diante de um fato propriamente humano, ou seja, de uma ação carregada de sentido.* (APPOLINÁRIO, 2004, p. 199)

Segundo Weber (1974), a análise do sentido das ações humanas não podia ser realizada por meio, exclusivamente, dos procedimentos metodológicos das ciências naturais, embora a observação rigorosa dos fatos fosse essencial tanto para o cientista natural como para o cientista social.

Ao final dos anos 1960 surgiu um movimento na filosofia da ciência, denominado *sociologia do conhecimento*. Seus propositores (David Bloor, Barry Barnes, David Edge, Steve Shapin, entre outros pesquisadores da área de ciências sociais da Universidade de Edimburgo) abraçavam a tese da incomensurabilidade de Kuhn e levavam a um novo patamar as ideias de Feyerabend acerca dos critérios de avaliação das teorias científicas. Para esses teóricos, eram os fatores sociais (por exemplo, o prestígio do cientista propositor da teoria, interesses políticos e acadêmicos etc.) os principais determinantes do sucesso ou do fracasso das teorias científicas – e não suas evidências empíricas.

A chamada Escola de Edimburgo enfatizava a ideia de que a observação encontrava-se impregnada dos pressupostos teóricos daquele que observava – e suas conclusões eram fortemente afetadas pela linguagem e pelas próprias teorias. Sendo assim, ela passou a considerar o conhecimento científico uma construção social (LATOUR, 1987), ou seja, as teorias científicas seriam o resultado final de um longo processo de negociação intersubjetiva entre os acadêmicos e pesquisadores que as desenvolviam.

Outro movimento importante, surgido ainda no início da década de 1920 no Instituto de Pesquisas Sociais de Frankfurt, pelas mãos de importantes intelectuais da época, como Herbert Marcuse, Theodor Adorno e Walter Benjamin, e denominado genericamente Escola de Frankfurt, propôs um conjunto de ideias multidisciplinares que passaram a ser conhecidas, em seu conjunto, pelo nome de *teoria crítica*. De inspiração fortemente marxista, esses teóricos basicamente denunciavam a estrutura ideológica por trás da pretensa racionalidade científica. Para eles, a ciência havia se tornado desconectada da realidade social, servindo unicamente como um instrumento das classes dominantes para a manutenção do *status quo*.

Uma segunda geração de teóricos críticos surgiu na década de 1960, reafirmando a necessidade de um método científico capaz de emancipar o ser humano dos "grilhões ideológicos" impostos pela moderna sociedade capitalista. Dentre os expoentes dessa escola de pensamento, destacava-se o filósofo alemão Jürgen Habermas (1929-), cuja proposição principal asseverava que as ciências naturais seguiriam uma lógica objetiva, enquanto as ciências humanas deviam seguir uma lógica interpretativa – uma vez que a sociedade e a cultura encontravam-se embasadas em símbolos.

Para Habermas (1982), o pensamento crítico aplicado às ciências sociais era fundamental, pois podia proporcionar a superação da falsa dicotomia entre o "saber" e o "fazer", a ciência e a sociedade. Negando tanto a objetividade como a neutralidade da ciência, Habermas propôs uma prática científica intervencionista na realidade social; para ele, o cientista social não devia reduzir seu trabalho apenas à elucubração teórica – era necessário que ele se engajasse ativamente na transformação da sociedade.

Ciências Naturais e Sociais: Os Debates Contemporâneos

Tendo delineado (de forma acentuadamente superficial, como sempre é conveniente lembrar) os antecedentes históricos descritos no capítulo anterior e no presente capítulo, desembocamos finalmente nos debates contemporâneos, isto é, nos últimos 30 anos na filosofia da ciência. Cremos ser possível organizar expositivamente as controvérsias fundamentais sobre o tema em torno das seguintes questões:

40 METODOLOGIA DA CIÊNCIA

1) Existe uma ciência única?

Há aqueles que, defendendo uma posição *naturalista*, acreditam que sim. Para Neurath (NEURATH; COHEN, 1973), por exemplo, existiria apenas uma ciência empírica unificada. Nesse caso, as ciências sociais ou humanas deviam se utilizar dos métodos desenvolvidos pelas ciências naturais – de preferência, os usados pela ciência modelar, a física (essa posição é denominada também *fisicalismo*), ou seja, a experimentação e os testes de hipóteses.

De outro lado, há os que, seguindo a tradição estabelecida por Dilthey e Weber, afirmam haver duas ciências distintas: as ciências nomotéticas e as ciências idiográficas. As primeiras seriam ciências fortes, isto é, estudariam fenômenos passíveis de medições precisas e bem delimitadas, lançando mão de métricas e grandezas como comprimento, superfície, volume, massa, tempo etc. As ciências nomotéticas visariam ao estabelecimento de relações de causa e efeito, tendo alto poder de generalização, explicação e predição, como são os casos da física, da química, da biologia etc.

As ciências idiográficas, por sua vez, lidariam com fenômenos de difícil quantificação: comportamentos, significados, valores, escolhas morais etc. Sua finalidade não seria propriamente a generalização nem o estabelecimento de relações causais, mas, antes, a apreensão das singularidades e o desenvolvimento de uma hermenêutica[1] densa da realidade humana. Podemos falar de uma "ciência fraca", pré-paradigmática (KUHN, 2003), uma ciência do impreciso (MOLES, 1990), cuja relação sujeito-objeto nunca seria objetiva; antes, ensejaria o intercâmbio comunicativo, o diálogo entre o pesquisador e o objeto pesquisado (o próprio homem e os processos sociais).

2) Quais os principais paradigmas científicos da atualidade na filosofia da ciência?

Embora controversa, acreditamos ser possível delinear uma resposta, ao menos aproximativa, a essa pergunta. Podemos mencionar duas grandes tendências paradigmáticas no atual panorama da filosofia da ciência: o *pós-positivismo* e o *construtivismo*[2]. O primeiro, legítimo herdeiro da tradição positivista e,

---

[1] Na mitologia grega, Hermes, filho de Zeus, devido à sua capacidade de interpretar e transmitir os desígnios dos outros deuses, recebeu o epíteto de *hermeneus* ("intérprete"), de onde veio a palavra "hermenêutica". Ou seja, a *hermenêutica* é a capacidade de interpretar os fatos e dar-lhes um sentido.

[2] Alguns autores (por exemplo, SANTOS, 2003) preferem nomear esse paradigma de "pós-moderno", ou mesmo "pós-racionalista" (MIRÓ, 1994), uma vez que o termo "construtivismo" já possui inúmeras significações em vários contextos, como na arte, na literatura e na economia – para citar apenas alguns.

OS GRANDES DEBATES DA CIÊNCIA CONTEMPORÂNEA   41

posteriormente, empirista-lógico, encontra-se fundado em uma epistemologia objetivista e em uma ontologia[3] realista (ou seja, na crença de que existe uma realidade externa única, relativamente estável e independente da percepção humana), em uma precisa distinção entre o sujeito e o objeto do conhecimento e, finalmente, na crença de que a razão – consubstanciada pela lógica e pela matemática – oferece os instrumentos necessários e suficientes para o estabelecimento de um conhecimento válido. É importante ressaltar que, ao contrário do empirismo lógico e do próprio positivismo, a noção de objetividade no pós-positivismo não se refere mais à crença ingênua na possibilidade da objetividade neutra do cientista em relação a seu objeto de estudo. A *objetividade*, para o pós-positivismo, refere-se mais à tradição crítica possibilitada pela adoção de um método de investigação aberto à análise e questionamento da comunidade acadêmico-científica, ou seja, à crítica mútua exercida entre os cientistas (ALVES-MAZZOTTI; GEWANDSZNAJDER, 1999).

Já o paradigma construtivista baseia-se em uma epistemologia subjetivista e em uma ontologia relativista (a realidade depende do observador, não sendo possível determinar uma única perspectiva verdadeira acerca dos fenômenos). As bases do pensamento construtivista remontariam às ideias do filósofo alemão Immanuel Kant (1724-1804), segundo as quais a mente humana impunha sua própria estrutura cognitiva aos fenômenos que percebia, chegando até importantes pensadores atuais, nas mais diversas disciplinas (por exemplo, HAYEK, 1952; MATURANA; VARELA, 1995; PIAGET, 2002; VON GLASERFELD, 1994; entre outros).

3) Existe alguma preponderância de um paradigma sobre o outro?

É praticamente impossível determinar uma resposta a essa pergunta. Todavia, a esse propósito, torna-se interessante reproduzir aqui uma síntese das ideias do sociólogo português Boaventura de Souza Santos, cujo ensaio *Um discurso sobre as ciências* (SANTOS, 2003) tem provocado uma profícua e polêmica discussão sobre essa questão. Basicamente, o autor defende as seguintes ideias:

a) *todo conhecimento científico-natural é científico-social*: a separação entre ciências naturais e sociais é sem sentido e inútil, pois observa--se, cada vez mais, principalmente nos avanços da física e da biologia, a ausência de distinção entre o orgânico e o inorgânico, entre o

---

[3]   Ontologia: parte da filosofia que se preocupa com a natureza última da realidade. As grandes teorias ontológicas são o *idealismo* ("a realidade é produto da mente"), o *realismo* ("a realidade existe independentemente da mente humana") e o *dualismo* ("existem dois tipos de realidade: matéria e espírito, corpo e mente").

humano e o não humano. Nas teorias recentes (por exemplo, teoria das estruturas dissipativas de Prigogine, teoria da ordem implicada de David Bohm etc.), começam a surgir as metáforas utilizadas tipicamente nas ciências humanas, como os conceitos de historicidade, processo, liberdade e autodeterminação: "Começa hoje a reconhecer-se uma dimensão psíquica na natureza, *a mente mais ampla* de que fala Bateson, da qual a mente humana é apenas uma parte, uma mente imanente ao sistema social global e à ecologia planetária que alguns chamam de Deus" (SANTOS, 2003, p. 63);

b) *todo conhecimento é local e total*: as excessivas parcelização e disciplinarização do saber científico fizeram do cientista um ignorante especializado. No paradigma emergente, o conhecimento é total e complexo (abandona os esquemas de análise causal unidirecionais), mas, sendo total, também é local: "Constitui-se em redor de temas que, em dado momento, são adotados por grupos sociais concretos como projetos de vida locais, sejam eles reconstruir a história de um lugar (...), construir um computador adequado às necessidades locais etc." (op. cit., p. 76);

c) *todo conhecimento é autoconhecimento*: o objeto do conhecimento é a continuação do sujeito por outros meios: "Os pressupostos metafísicos, os sistemas de crenças, os juízos de valor não estão antes nem depois da explicação científica da natureza ou da sociedade. São parte integrante dessa mesma explicação" (op. cit., p. 83);

d) *todo conhecimento científico visa constituir-se em senso comum*: a ciência pós-moderna reconhece a não preponderância de uma forma de conhecimento sobre a outra – de fato, não há fundamento racional sequer para afirmarmos que uma explicação científica seria melhor que uma explicação literária ou religiosa. A ciência pós-moderna busca reabilitar o senso comum: "Deixado a si mesmo, o senso comum é conservador e pode legitimar prepotências, mas, interpenetrado pelo conhecimento científico, pode estar na origem de uma nova racionalidade [...] o conhecimento científico pós-moderno só se realiza enquanto tal, na medida em que se converte em senso comum" (op. cit., p. 90).

Conclusão

Como sugerem os parágrafos anteriores, parece razoável supor que nos encontramos em um momento de crise paradigmática da ciência. Essa crise, cujo pivô temático surgiu já ao final do século XIX, com as querelas

OS GRANDES DEBATES DA CIÊNCIA CONTEMPORÂNEA **43**

metodológicas entre as concepções objetivistas-racionalistas e subjetivistas-relativistas, fruto dos desenvolvimentos desarmônicos entre as ciências da natureza e as ciências sociais, não aparenta ter solução no horizonte próximo. E, ao que parece, o surgimento de novos paradigmas nunca ocorre de forma tranquila e consensual.

Sendo assim, partindo de uma perspectiva que se encontra, na melhor das hipóteses, momentaneamente "no olho do furacão" da metodologia e da filosofia da ciência, fragmentados e divididos, caminhamos em direção a um futuro no qual a única saída a ser vislumbrada passa, necessariamente, pelo diálogo franco entre essas perspectivas divergentes, porém – quem sabe? – complementares.

Conceitos-Chave do Capítulo

Metafísica	Positivismo lógico	Indução
Verificabilidade	Confirmacionismo	Falseabilidade
Paradigma	Incomensurabilidade	*Hardcore*
Programa de pesquisa	Anarquismo metodológico	Teoria crítica
Princípio da tenacidade	Pós-positivismo	Construtivismo

Leitura Complementar Recomendada

ALVES-MAZZOTTI, A. J.; GEWANDSZNAJDER, F. *O método nas ciências naturais e sociais:* pesquisa quantitativa e qualitativa. 2. ed. São Paulo: Pioneira, 1999.
Excelente obra para quem deseja se aprofundar nos detalhes de tudo que foi discutido de forma bastante resumida neste capítulo. O livro divide-se em duas grandes partes: na primeira, discutem-se os pressupostos metodológicos presentes nas ciências naturais, enquanto, na segunda, explora-se o universo das ciências sociais, incluindo-se aí uma excelente discussão acerca das influências metodológicas que essas últimas têm recebido das primeiras ao longo de todo o século XX.

KUHN, T. S. *A estrutura das revoluções científicas.* 8. ed. São Paulo: Perspectiva, 2003.
Obra mais famosa do pensador, na qual ele explica, por meio de uma análise histórica repleta de exemplos, como a ciência avança em suas descobertas. Introduz o conceito de paradigma e, ao final, em um posfácio adicionado em 1969 (a obra foi publicada originalmente em 1962), o autor rebate as críticas que o livro recebeu ao longo dos anos. A linguagem é fluente, não apresentando dificuldades de leitura.

POPPER, K. R. *A lógica da pesquisa científica.* 6. ed. São Paulo: Cultrix, 2000.
Uma das obras mais importantes do século XX sobre a filosofia da ciência. Recomendamos a leitura, pelo menos do primeiro capítulo, no qual Popper delineia suas principais críticas e ideias em relação ao empirismo

44 METODOLOGIA DA CIÊNCIA

lógico, à indução e ao problema da demarcação entre a ciência e a metafísica (pseudociência). Havendo mais fôlego, procure ler também os dois capítulos subsequentes, pois, apesar de todas as dificuldades inerentes à leitura de um texto denso como esse, você se sentirá recompensado pelo brilhantismo e pela elegância das ideias do autor.

A Prática
da Pesquisa

Parte II

O Sistema de Produção Científica 4

A primeira pergunta óbvia que um candidato a cientista provavelmente faria é: "Onde é veiculado o conhecimento científico?" E essa seria uma pergunta perfeitamente legítima, pois a resposta a ela não é nada óbvia. Por exemplo: poderíamos dizer que o conhecimento científico é veiculado por meio de livros – o que seria em parte verdadeiro e, em parte, falso. Explicamos: é claro que existem excelentes livros contendo informações representativas do "estado da arte" da ciência em suas mais diversas áreas. Mas não podemos nos esquecer também de que, por outro lado, qualquer pessoa pode escrever, editar e distribuir um livro nas livrarias. Portanto, que tipo de controle pode haver sobre as informações ali veiculadas?

E o que dizer das revistas? É evidente que algumas delas podem parecer indiscutivelmente não científicas, como as revistas *Playboy* e *Claudia*. Mas o que pensar, por exemplo, de revistas como *Superinteressante*, *Galileu* e *Scientific American*, apenas para citar algumas? Na verdade, não são revistas científicas, e sim revistas de *divulgação científica*. São periódicos *acerca* da ciência, editados e escritos, em sua maior parte, por jornalistas, e não por cientistas.

E, por último, mas não menos importante, temos a internet. Seria o conhecimento científico veiculado por meio da grande rede? Bem, damos a essa pergunta a mesma resposta acerca dos livros: às vezes sim (raramente) e às vezes não (quase sempre). Existem, de fato, sites que organizam e disponibilizam a

48 METODOLOGIA DA CIÊNCIA

informação científica; contudo, a esmagadora maioria da informação veiculada na www é caótica e não confiável, pelo mesmo motivo dos livros: qualquer pessoa pode manter um site e colocar nele as informações que quiser, por mais absurdas que sejam. Então, se a informação científica não se encontra necessariamente nos livros, nas revistas e na internet, onde estaria ela? A resposta é: principalmente, nos *periódicos científicos*.

Os Periódicos Científicos

Um periódico científico (ou *journal*, em inglês) é um tipo especial de revista que possui certas características diferenciais em relação às revistas comuns. A primeira característica refere-se ao fato de que um periódico científico possui um *comitê científico-editorial*, que avalia a qualidade dos artigos submetidos à publicação. A coisa funciona mais ou menos assim: digamos que você elabore um artigo de pesquisa e deseja vê-lo publicado em um periódico científico. O primeiro passo é enviá-lo para o editor da revista que, em seguida, eliminará do artigo quaisquer informações que permitam a identificação de sua autoria. Depois disso, o editor enviará o artigo para dois ou três *pareceristas ad hoc* (os membros do comitê científico-editorial). O parecerista *ad hoc* é um cientista, provavelmente ligado a alguma instituição de ensino superior dentro ou fora do país, cuja área de pesquisa é a mesma que a sua ou muito próxima dela.

Esses pareceristas terão um prazo – normalmente 30 ou 40 dias – para analisar o seu artigo e criticá-lo. Dependendo do resultado, seu artigo pode ser recusado ou devolvido a você com os comentários críticos dos pareceristas. Você pode retificar seu artigo e submetê-lo novamente à avaliação ou simplesmente desistir de publicá-lo. Esse processo pode, então, repetir-se inúmeras vezes, até que seu artigo seja definitivamente aceito para publicação. Esse sistema de envio-análise-retorno denomina-se *peer review* ou simplesmente "revisão pelos pares", e é realizado, normalmente, na modalidade de *double blind review* – ou seja, "revisão duplamente cega" (você não conhece a identidade dos pareceristas nem eles a sua). Evidentemente, esse procedimento é feito para tornar o sistema mais justo e imune a personalismos indesejáveis.

Você certamente já deve ter notado a seguinte expressão: "Esta revista não se responsabiliza pelas opiniões aqui emitidas, que são de responsabilidade unicamente de seus autores", que normalmente aparece nas revistas comuns. Isso não ocorre em um periódico científico: ele, de fato, se responsabiliza pela veracidade dos artigos publicados, uma vez que o comitê científico-editorial, formado por cientistas da mesma área do autor que se propôs a escrever o artigo, avaliou aquele conteúdo informacional.

A segunda grande diferença entre uma revista comum e um periódico científico reside no procedimento de *indexação*. Os artigos publicados em um periódico científico são indexados, ou seja, passam a fazer parte de índices científicos setoriais que servem para que outros pesquisadores possam encontrá-lo quando estiverem procurando informações sobre o tema que você desenvolveu em sua pesquisa. A maioria desses índices funciona atualmente por meio da internet e alguns deles são públicos e gratuitos (tente, por exemplo, http://www.scielo.br ou http://www.bireme.br), embora outros tenham seu acesso restrito às instituições que pagam pelo serviço (por exemplo: Ebsco, ProQuest, Web of Science etc.).

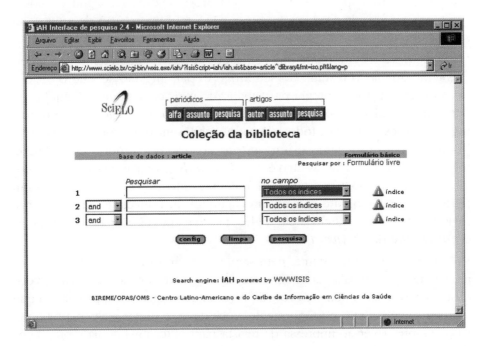

FIGURA 4.1 Exemplo de índice de busca científica

Vejamos, então, como é feito o processo de indexação. Quando você escreve um artigo científico, ele geralmente deve conter uma série de tópicos obrigatórios que o leitor sempre espera encontrar, como seções de método, resultados, discussão, referências etc. (ver Capítulo 8). Dois desses elementos obrigatórios são o *resumo* e as *palavras-chave*. O primeiro, como o próprio nome indica, é uma síntese, normalmente com até 200 palavras, que apresenta todas as informações relevantes acerca do artigo, incluindo suas conclusões. Outro elemento obrigatório são as palavras-chave, tipicamente cinco ou seis, que o autor deve escolher como as mais representativas para descrever o assunto de que trata o artigo.

Assim, os índices de busca científica funcionam de forma muito parecida com a dos índices de busca populares (como Google ou Yahoo!): basta que a pessoa interessada informe as palavras-chave de sua busca e solicite ao índice que pesquise artigos que as contenham – não ao longo de todo o texto do artigo, mas que coincidam com as palavras-chave que o autor do artigo estipulou (por exemplo, na Figura 4.1, o interessado deve completar o campo "Pesquisar" com as palavras-chave da sua busca, clicando a seguir no botão "pesquisa"). O resultado dessa pesquisa não será uma relação de artigos em sua íntegra, mas resumos desses artigos.

Você deve ter em mente que os pesquisadores não têm tempo a perder: eles lerão apenas o resumo do seu artigo e, daí, julgarão se vale ou não a pena obter o texto na íntegra para analisá-lo mais detidamente. E aqui cabe mais uma ressalva importante: o idioma da ciência é o *inglês,* e não o português. Por esse motivo, todo artigo publicado em um periódico científico brasileiro tem um resumo e um *abstract* (o resumo vertido para a língua inglesa), além das palavras-chave e as *keywords* (as palavras-chave, em língua inglesa), embora o artigo propriamente dito possa estar redigido em português, inglês ou até mesmo em espanhol ou francês. É claro que, nas revistas totalmente redigidas em inglês, não haverá versão para o português do *abstract* e das *keywords*.

Outro detalhe importante: nem sempre você encontrará o conteúdo dos artigos de que necessita na íntegra, mas apenas os resumos. Nesse caso, você descobrirá apenas o nome da revista, o volume, o número e a página em que o artigo se encontra – posteriormente, você deve se dirigir a alguma biblioteca que tenha a versão impressa da revista para obter uma cópia reprográfica do artigo. Assim, vemos que há periódicos científicos apenas na versão impressa, em versões digital e impressa, e outros ainda que só existem virtualmente (por exemplo, o *Electronic Journal of Differential Equations – EJDE*: http://ejde.math.swt.edu).

Uma última observação acerca dos periódicos científicos merece destaque. Trata-se do fato de eles serem, em geral, altamente especializados, como

O SISTEMA DE PRODUÇÃO CIENTÍFICA   51

o periódico citado anteriormente. Assim, cada ciência tem seus próprios periódicos – e, mais do que isso, normalmente cada tópico específico de determinada ciência tem periódicos especializados. Veja o Quadro 4.1, para conhecer alguns exemplos:

Quadro 4.1 Exemplos de periódicos especializados

Ciência	Disciplina ou Subárea	Periódico
Biologia	Biologia celular	*European Journal of Cell Biology*
Psicologia	Reabilitação cognitiva	*Journal of Cognitive Rehabilitation*
Física	Óptica	*Journal of Pure and Applied Optics*
Sociologia	Culturas comparadas	*International Journal of Comparative Sociology*
Economia	Agronegócios	*Agricultural and Resource Economic Review*
Ciências contábeis	Auditoria contábil	*Journal of Forensic Accounting*

É claro que também existem revistas mais gerais, com escopo de publicação mais amplo (exemplos: *Brazilian Journal of Biology, American Journal of Sociology, Revista Brasileira de Administração* etc.), até o ponto de abarcar diversas ciências, como é o caso das prestigiosas *Science* e *Nature*.

De tudo o que foi dito até aqui, podemos depreender que, embora os livros possam ser meios legítimos de veiculação do conhecimento científico, o meio oficial para essa veiculação é o periódico científico, em versão impressa ou digital. É claro que existe também um sistema de validação dos próprios periódicos. No Brasil, por exemplo, existe uma entidade ligada ao governo federal que fiscaliza e avalia os periódicos – a Capes (Coordenação de Aperfeiçoamento de Pessoal de Nível Superior – http://www.capes.gov.br). Além disso, os periódicos também são reconhecidos e validados pela própria comunidade científica à qual estão ligados – por exemplo, na área de psicologia, o periódico *Psicologia: Teoria e Pesquisa*, ligado à Universidade de Brasília, é considerado referência pela comunidade de pesquisadores da área. Na área de administração, podemos citar a *Revista de Administração de Empresas – RAE-FGV*, editada pela Fundação Getulio Vargas de São Paulo, e assim por diante.

52 METODOLOGIA DA CIÊNCIA

Os Eventos Científicos

Você já deve ter ouvido falar dos famosos congressos científicos, grandes eventos nos quais os pesquisadores e estudantes de determinada área da ciência se encontram periodicamente para apresentar seus trabalhos mais recentes e entrar em contato com os trabalhos dos colegas. De fato, há vários tipos distintos de eventos científicos e acadêmicos, conforme podemos observar no Quadro 4.2.

Quadro 4.2 Principais tipos de eventos científicos e acadêmicos

Eventos científicos			
Congresso	*Fórum, Encontro, Seminário, Conferência*	*Simpósio*	*Mesa-redonda*
Reunião formal de grande porte e relevância científica	Versão reduzida, em tamanho e importância, de um congresso	Reunião na qual dois ou mais especialistas em determinada área de conhecimento expõem suas visões	Reunião em que os debatedores defendem opiniões claramente divergentes acerca de determinado tema

Quando pensamos na expressão mais típica desse tipo de encontro, o congresso científico, devemos levar em consideração a modalidade de participação que teremos em um evento dessa natureza. Podemos ser meramente "congressistas", ou seja, participantes observadores das diversas atividades ali desenvolvidas, e também podemos comparecer na qualidade de expositores de nossos trabalhos. Nesse caso, há diversas formas pelas quais podemos informar à comunidade científica o quanto temos produzido nos últimos tempos. Por exemplo: na categoria "painel", montaremos um cartaz (normalmente nas medidas de 1 m × 1,5 m) com todos os detalhes da nossa pesquisa que ficará exposto em uma área especialmente reservada para essa finalidade, durante certo tempo.

Podemos também relatar nosso trabalho em uma sessão de comunicação oral ou, quem sabe, se já formos cientistas famosos, podemos até mesmo ser convidados para ministrar uma conferência sobre determinado tema para os congressistas. De qualquer forma, seja qual for a modalidade de participação, a presença em eventos científicos é muito importante, tanto para o estudante como para o pesquisador, pois é exatamente nessas oportunidades que estaremos "cara a cara" com nossos pares, nossos interlocutores intelectuais, colegas que criticarão e debaterão nossas ideias – processo sem o qual a ciência não avançaria.

A Comunidade Científica

Nunca podemos nos esquecer de que a ciência é, sobretudo, uma construção social e, sendo assim, a produção do conhecimento científico se dá por meio de intensa colaboração entre os diversos pesquisadores de cada área específica. Dessa forma, a primeira coisa que o jovem pesquisador deve se perguntar é: *Quem serão os meus interlocutores?*. Ou seja, qual é a *minha* comunidade? Assim, havendo interesse por uma linha de pesquisa qualquer, o primeiro passo é determinar os principais periódicos sobre o assunto, as principais referências clássicas (autores consagrados, de outras épocas) e contemporâneas (os pesquisadores atuais), os principais centros de pesquisa (normalmente departamentos e laboratórios dentro de universidades) etc.

O próximo passo é absorver a maior quantidade possível de informações acerca do tema desejado (por meio dos índices de busca e acesso aos periódicos científicos e, eventualmente, livros recomendados por pesquisadores mais experientes). Finalmente, devemos entrar em contato com a comunidade visada e iniciar nossa colaboração com ela. Isso acaba ocorrendo, normalmente, quando o estudante ingressa em um programa de pós-graduação *stricto sensu*, oferecido por instituição de ensino superior reconhecida pelo Ministério da Educação (MEC).

A Pós-Graduação *Stricto Sensu*

A rigor, em nosso país há dois tipos de pós-graduação (atividades educacionais que ocorrem após o estudante obter sua colação de grau em algum curso regular de graduação): a *lato sensu* e a *stricto sensu*. O primeiro tipo refere-se aos cursos de especialização, de cunho essencialmente profissionalizante – ou seja, voltados às necessidades específicas do mercado de trabalho – e que possuem carga horária de, no mínimo, 360 horas/aula. São cursos bastante específicos (por exemplo: Gestão Financeira de Empresas, Psicologia Hospitalar, Tecnologia da Informação no Agronegócio etc.) e ministrados em um formato bastante parecido ao da graduação.

A pós-graduação *stricto sensu* refere-se aos programas de *mestrado* e *doutorado*, oferecidos nas mais diversas áreas de conhecimento, porém por um número reduzido de instituições de ensino. O objetivo de quem se inscreve em um programa desse tipo (normalmente, primeiro o mestrado e depois o doutorado) é ingressar na carreira acadêmica, ou seja, transformar-se em professor universitário e/ou pesquisador-cientista.

54   METODOLOGIA DA CIÊNCIA

Podemos encarar o mestrado como uma etapa intermediária em direção ao objetivo maior: o doutorado. Trata-se de um curso no qual o estudante deve frequentar algumas disciplinas (umas obrigatórias e outras optativas) e, ao final, sob a orientação de um professor doutor (o orientador), produzir um tipo especial de *monografia,* denominado *dissertação* (ver Capítulo 3). A dissertação é um trabalho acadêmico, parecido com a monografia de conclusão de curso (ou trabalho de conclusão de curso, o TCC) exigida ao final de alguns cursos de graduação. Além da dissertação, o aluno deve se submeter às arguições de uma banca: a banca de defesa. Nessa ocasião, o pretendente ao grau de mestre (chamado de *mestrando*) apresentará o seu trabalho e, em seguida, responderá oralmente aos questionamentos da banca examinadora, que deve ter lido o trabalho com antecedência.

O doutorado não difere muito do mestrado. Há, também, a figura do orientador, certas disciplinas a serem cursadas e a produção de uma monografia: a *tese.* Podemos dizer que a principal diferença entre uma dissertação e uma tese consiste na profundidade e complexidade do tratamento dado ao tema pelo estudante. Assim, geralmente considera-se a tese um trabalho mais complexo e profundo que uma dissertação. Ao final do processo (tipicamente, demora-se dois ou três anos no mestrado e de três a cinco anos no doutorado), também ocorre a arguição por ocasião da defesa da tese – após a qual o doutorando passa à condição de doutor.

Bolsas e Agências de Fomento à Pesquisa

A formação de mestres e doutores tem relevância estratégica para qualquer país do mundo. Assim, é muito comum que os governos incentivem e até financiem integralmente os alunos que desejam cursar esses programas. Dessa forma, os programas de mestrado e doutorado, com qualidade reconhecida pela Capes, normalmente oferecem bolsas de estudo para os estudantes, por meio de alguma agência financiadora. No Brasil, por exemplo, no âmbito do governo federal, dois organismos oferecem as referidas bolsas: a própria Capes e o Conselho Nacional de Desenvolvimento Científico e Tecnológico (CNPq).

No âmbito dos governos estaduais, também encontramos agências financiadoras, como a Fapesp, no estado de São Paulo, e a Faperj, no estado do Rio de Janeiro. Veja, no Quadro 4.3, uma lista dos sites das principais agências.

O SISTEMA DE PRODUÇÃO CIENTÍFICA 55

Quadro 4.3 Principais agências financiadoras de estudos e projetos

Instituição	Endereço
Capes – Coordenação de Aperfeiçoamento de Pessoal de Nível Superior	http://www.capes.gov.br
CNPq – Conselho Nacional de Desenvolvimento Científico e Tecnológico	http://www.cnpq.br
Facepe – Fundação de Amparo à Ciência e Tecnologia do Estado de Pernambuco	http://www.facepe.br
FAP-DF – Fundação de Apoio à Pesquisa do Distrito Federal	http://www.fap.df.gov.br
Fapeal – Fundação de Amparo à Pesquisa do Estado de Alagoas	http://www.fapeal.br
Fapemat – Fundação de Amparo à Pesquisa do Estado do Mato Grosso	http://www.fapemat.br
Fapemig – Fundação de Amparo à Pesquisa do Estado de Minas Gerais	http://www.fapemig.br
Fapepi – Fundação de Amparo à Pesquisa do Estado do Piauí	http://www.fapepi.pop-pi.rnp.br
Fapergs – Fundação de Amparo à Pesquisa do Estado do Rio Grande do Sul	http://www.fapergs.tche.br
Faperj – Fundação de Amparo à Pesquisa do Estado do Rio de Janeiro	http://www.faperj.br
Fapesb – Fundação de Amparo à Pesquisa do Estado da Bahia	http://www.fapesb.ba.gov.br
Fapesp – Fundação de Amparo à Pesquisa do Estado de São Paulo	http://www.fapesp.br
Fapesq – Fundação de Amparo à Pesquisa do Estado da Paraíba	http://www.fapesq.rpp.br
FAP-SE – Fundação de Amparo à Pesquisa do Estado de Sergipe	http://www.fap.se.gov.br
Finep – Financiadora de Estudos e Projetos	http://www.finep.gov.br
Funcap – Fundação Cearense de Apoio ao Desenvolvimento Científico e Tecnológico	http://www.funcap.ce.gov.br
Funcitec – Fundação de Ciência e Tecnologia do Estado de Santa Catarina	www.funcitec.rct-sc.br
Fundect – Fundação de Apoio e de Desenvolvimento do Ensino, Ciência e Tecnologia do Estado de Mato Grosso do Sul	http://www.fundect.ms.gov.br
Funpec – Fundação Norte-Riograndense de Pesquisa e Cultura	http://www.funpec.br

A Iniciação Científica

Caso você seja um estudante de graduação, deve estar imaginando: isso tudo é muito interessante, mas é assunto a ser considerado apenas daqui a alguns anos. Se for esse o caso, gostaríamos de frisar que você está enganado. Dizemos isso por dois motivos: o primeiro, porque o planejamento de uma carreira acadêmico-científica deve ocorrer desde cedo na vida universitária. Embora a maioria dos estudantes ignore solenemente a existência de todo esse sistema que estamos tentando expor neste capítulo, em muitas áreas do conhecimento já existe uma tradição muito grande em relação ao tema "educação continuada". Em medicina, por exemplo, a maioria dos calouros já tem incorporada a noção de que jamais pode parar de estudar: a educação é uma tarefa para a vida inteira.

Trata-se, além disso, de uma questão de empregabilidade: o curso universitário não se constitui mais em um diferencial competitivo, já que quase todos o têm. As empresas e instituições, de forma geral, desejam contratar pessoas diferenciadas – ou seja, pessoas capazes de resolver e antecipar a ocorrência de problemas, capazes de agregar conhecimento às atividades operacionais e estratégicas e, sobretudo, capazes de se reinventar a cada momento. Isso significa indivíduos que, a todo instante, estão dispostos a aprender coisas novas e a reciclar seus conhecimentos – e, para isso, nunca podem parar de estudar.

A segunda razão é que existem programas científicos voltados especificamente para os alunos de cursos de graduação: são os chamados programas de *iniciação científica*. Esses programas, em geral financiados pelas próprias instituições de ensino, são voltados para a produção de uma monografia (versão simplificada de uma dissertação) e, neles, o aluno recebe uma bolsa de estudos integral ou parcial, normalmente por um ano. Ao longo desse período, o aluno terá o acompanhamento de um professor-orientador, que o auxiliará a desenvolver seu trabalho.

Esse tipo de programa, oferecido por muitas instituições de ensino – inclusive privadas –, é muito importante, pois se trata do primeiro contato do aluno com a atividade de produção de conhecimento científico. Nosso conselho para os que desejam, mais tarde, tentar ingressar em um programa de mestrado é: considerem seriamente a possibilidade de se candidatarem à iniciação científica em sua instituição.

Conceitos-Chave do Capítulo

Periódico científico
Indexação
Abstract
Stricto sensu
Monografia
Iniciação científica

Peer review
Resumo
Keyword
Mestrado
Dissertação

Double blind review
Palavras-chave
Lato sensu
Doutorado
Tese

Leitura Complementar Recomendada

BOMFÁ, C. R. Z. *Revistas científicas em mídia digital:* critérios e procedimentos para publicação. Florianópolis: VisualBooks, 2003.

Nessa obra, o estudante obterá informações acerca do histórico dos periódicos científicos, bem como sobre os critérios utilizados pelas principais bibliotecas virtuais para a sua indexação. Além disso, há uma parte específica do livro que comenta a estrutura e as características dos periódicos em mídia digital.

ECO, U. *Como se faz uma tese.* 18. ed. São Paulo: Perspectiva, 2003.

Trata-se de uma obra clássica, na qual o semiólogo, crítico literário e escritor mundialmente conhecido Umberto Eco (não deixe de ler o romance *O nome da rosa*, de sua autoria) descreve a sua experiência como acadêmico, professor e pesquisador. Em linguagem cativante, Eco transporta o pesquisador iniciante para o ambiente acadêmico, seus jogos e suas regras. Na nossa opinião, todo estudante universitário deve ler esse livro, ainda mais se deseja aprofundar seus estudos por meio de um programa de mestrado/doutorado.

As Dimensões da Pesquisa

5

Um dos temas certamente mais controversos na área da metodologia científica refere-se ao estabelecimento de uma taxonomia (classificação) dos diversos tipos de pesquisa científica. Há, de fato, muita confusão e discordância em relação a esse assunto específico. Porém, independentemente de quão controversa possa ser uma taxonomia dessa natureza, esse assunto é por demais importante para ser deixado de lado. Na verdade, em outra obra (APPOLINÁRIO, 2004), delineamos uma proposta básica, que servirá como substrato para este capítulo.

Nas próximas páginas, tratamos de classificar as pesquisas científicas de acordo com seis dimensões: natureza, finalidade, tipo, estratégia, temporalidade e delineamento.

Natureza da Pesquisa: Qualitativa *versus* Quantitativa

De todas as dimensões, esta é, sem sombra de dúvida, a mais polêmica. Vamos logo esclarecendo: é muito difícil que haja alguma pesquisa totalmente *qualitativa*, da mesma forma que é altamente improvável existir alguma pesquisa completamente *quantitativa*. Isso ocorre porque qualquer pesquisa provavelmente possui elementos tanto qualitativos como quantitativos, ou seja, em vez de duas categorias dicotômicas e isoladas, temos antes uma dimensão contínua com

60 METODOLOGIA DA CIÊNCIA

duas polaridades extremas, e as pesquisas se encontrarão em algum ponto desse contínuo, tendendo mais para um lado ou para outro:

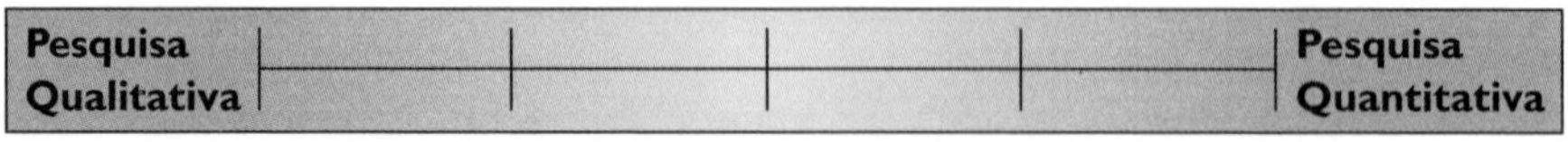

| Pesquisa Qualitativa | | | | Pesquisa Quantitativa |

FIGURA 5.1 Dimensão contínua da natureza das pesquisas

Embora alguns autores ainda defendam a ideia da dicotomia absoluta, ou seja, de uma separação clara entre essas duas naturezas de pesquisa (por exemplo, FLICK, 2004; MOREIRA, 2002; OLIVEIRA, 1997 etc.), há um crescente consenso em direção à ideia aqui defendida de um contínuo entre esses dois extremos (BRANNEN, 1992; CASEBEER; VERHOEF, 1997; DE VRIES et al., 1992; NEWMAN; BENZ, 1998; STECKLER et al., 1992 etc.).

Mas, afinal, tratando-se ou não de uma dimensão contínua, o que exatamente significam esses dois polos? Aqui, novamente existem algumas visões diferentes. Martins e Bicudo (1989), por exemplo, fizeram uma distinção interessante: para eles, antes de definir se uma pesquisa é qualitativa ou quantitativa, deve-se esclarecer a diferença entre outros dois termos fundamentais: os conceitos de "fato" e de "fenômeno".

O fato, como compreendido pela concepção positivista (ver Capítulo 2), refere-se a qualquer evento que possa ser considerado objetivo, mensurável e, portanto, passível de ser investigado cientificamente. O fenômeno, por outro lado, pode ser entendido como a interpretação subjetiva que se faz dos fatos. Assim, ao observarmos um lápis cair da mesa, por exemplo, podemos avaliar esse evento a partir dessas duas possibilidades. Como fato, diremos simplesmente: "O lápis caiu da mesa". Como fenômeno, cada observador pode interpretar o fato à sua maneira: "O lápis caiu mansamente", "A gravidade derrotou o intelecto" etc. Para esses autores, as pesquisas quantitativas seriam aquelas que lidariam com os fatos (característicos nas ciências naturais), enquanto as pesquisas qualitativas lidariam com os fenômenos (típicos das ciências sociais).

Por outro lado, Firestone (1987) sugeriu que as pesquisas qualitativas e quantitativas diferem em quatro quesitos básicos: pressuposição básica, objetivo, abordagem e papel do pesquisador (ver Quadro 5.1).

AS DIMENSÕES DA PESQUISA 61

Quadro 5.1 Natureza das pesquisas, segundo Firestone (1987)

Quesito	Pesquisa quantitativa	Pesquisa qualitativa
Pressuposição básica	A realidade é constituída de fatos objetivamente mensuráveis	A realidade é constituída de fenômenos socialmente construídos
Objetivo	Determinar as causas dos fatos	Compreender melhor os fenômenos
Abordagem	Experimental	Observacional
Papel do pesquisador	Imparcial e neutro	Participante não neutro do fenômeno

Para não corrermos o risco de adentrar em uma discussão inócua e sem fim – que caberia melhor em uma obra dedicada exclusivamente a esse vasto tema –, vamos finalizar este item explorando esses dois polos, de acordo com suas características principais. A pesquisa preponderantemente qualitativa seria, então, a que normalmente prevê a coleta dos dados a partir de interações sociais do pesquisador com o fenômeno pesquisado. Além disso, a análise desses dados se dará a partir da hermenêutica[1] do próprio pesquisador. Esse tipo de pesquisa não possui condições de generalização, ou seja, dela não se podem extrair previsões nem leis que podem ser extrapoladas para outros fenômenos diferentes daquele que está sendo pesquisado.

A pesquisa preponderantemente quantitativa, por outro lado, prevê a mensuração de variáveis predeterminadas (que serão discutidas em detalhes no Capítulo 9), buscando verificar e explicar sua influência sobre outras variáveis. Centraliza sua busca em informações matematizáveis, não se preocupando com exceções, mas com generalizações.

Quadro 5.2 Algumas características das tendências qualitativa e quantitativa em pesquisa

Pesquisas preponderantemente quantitativas	Pesquisas preponderantemente qualitativas
Variáveis predeterminadas	Nem sempre trabalham com o conceito de variáveis; quando o fazem, nem sempre elas são predeterminadas
Análise dos dados normalmente realizada por meio da estatística	Análise subjetiva dos dados

(continua)

---

[1] Ver nota da página 40, Capítulo 3.

METODOLOGIA DA CIÊNCIA

Quadro 5.2 Algumas características das tendências qualitativa e quantitativa em pesquisa (continuação)

Pesquisas preponderantemente quantitativas	Pesquisas preponderantemente qualitativas
Alto índice de generalização	Possibilidade de generalização baixa ou nula
Comum principalmente nas ciências naturais	Comum principalmente nas ciências sociais
Principal desvantagem: perda da informação qualitativa	Principal desvantagem: alta dependência da subjetividade do pesquisador (viés)
O pesquisador assume um papel mais neutro em relação ao objeto de estudo	O pesquisador envolve-se subjetivamente tanto na observação como na análise do objeto de estudo

Finalidade da Pesquisa: Básica *versus* Aplicada

Essa dimensão está mais ligada aos objetivos que os pesquisadores têm quando realizam suas pesquisas. Embora o conceito de "aplicação" tenha sido muito utilizado na literatura mais antiga, no sentido de atividade científica socialmente relevante (DEITZ, 1983), ou mesmo para referência a pesquisas cujas conclusões conduzem à solução de problemas de interesse imediato para a sociedade em detrimento da sua relevância teórica, atualmente o termo tem estado mais ligado à questão da finalidade comercial.

Assim, a *pesquisa básica* (ou fundamental) estaria mais ligada ao incremento do conhecimento científico sem quaisquer objetivos comerciais, ao passo que a *pesquisa aplicada* seria suscitada por objetivos comerciais, ou seja, estaria voltada para o desenvolvimento de novos processos ou produtos orientados para as necessidades de mercado.

Tipo de Pesquisa: Descritiva *versus* Experimental

Talvez a mais importante de todas as dimensões classificatórias refira-se à estrutura básica da investigação. Quando uma pesquisa busca descrever uma realidade, sem nela interferir, damos a ela o nome de *pesquisa descritiva*. Quando, por outro lado, uma pesquisa busca explicar as causas de determinado evento, manipulando-se deliberadamente algum aspecto dessa realidade, é chamada *pesquisa experimental.*

A questão central aqui reside na diferença entre as palavras "descrever" e "explicar". Na pesquisa descritiva, o pesquisador *descreve*, narra algo que acontece, ao passo que, na pesquisa experimental, tenta explicar *por que* algo acontece, ou seja, busca determinar a causa dos eventos. Para termos uma pesquisa experimental, é necessário haver um experimento. Por exemplo: queremos testar a eficácia de um novo medicamento para a cura de uma doença. Selecionamos, então, 200 pacientes de um hospital, todos acometidos pela tal doença. Dividimos os pacientes em dois grupos, A e B, cada um com igual número de pessoas. Aos indivíduos do grupo A, ministramos o novo medicamento que desejamos testar, para os indivíduos do grupo B, damos o medicamento utilizado atualmente para a doença. Ao final de certo tempo (suponhamos, duas semanas), comparamos a melhora dos sintomas da doença nos integrantes dos dois grupos, para determinar qual medicamento apresenta maior eficácia.

Dessa forma, podemos definir o experimento como um processo pelo qual provocamos deliberadamente algumas mudanças enquanto observamos os resultados, com a finalidade de aumentar nosso conhecimento sobre o assunto (BUNGE, 1985) ou, dizendo de outra maneira, manipulamos certas variáveis para observar o que acontece com as outras.

Os estudos descritivos (ou observacionais) são diferentes: não ocorre a presença do experimento. Por exemplo: em determinada pesquisa, deseja-se conhecer os padrões de comportamento dos moradores da periferia de uma grande cidade em relação aos seus hábitos de lazer. O pesquisador entrevista, digamos, 500 moradores dos bairros da periferia e coleta uma série de dados de cada um, como sexo, idade, nível de escolaridade e, obviamente, informações referentes aos seus hábitos de lazer. Ao final do estudo, o pesquisador resume esses dados em tabelas e gráficos, descrevendo o que descobriu.

Então, vejamos: no primeiro exemplo, o objetivo do pesquisador é determinar se o uso de certo medicamento *causa* a remissão dos sintomas da doença, enquanto, no segundo exemplo, o pesquisador deseja apenas *descrever* os hábitos de lazer da população (e não determinar *por que* as pessoas têm esses hábitos).

No Capítulo 10 exploraremos em detalhes o conceito de experimento e suas diversas modalidades.

Estratégias de Pesquisa

Quando nos referimos às estratégias de pesquisa, é muito importante considerar a existência de dois grupos principais: as estratégias em relação ao *local*

64 METODOLOGIA DA CIÊNCIA

de coleta de dados e as estratégias em relação à *fonte de informação* utilizada na pesquisa. Pensando no primeiro grupo, teremos dois tipos de estratégias: de campo e de laboratório. Em relação às fontes de informação, podemos ter pesquisas de campo ou documentais.

E aqui reside o principal problema: o termo "pesquisa de campo" é frequentemente ambíguo, pois pode se referir a duas coisas muito diferentes, como se verá adiante. Vamos explorar esses dois grupos separadamente.

Estratégias de Pesquisa em Relação ao Local da Coleta de Dados

Antes de mais nada, convém definir o termo *coleta de dados*. Coletar dados significa obter as informações necessárias para a pesquisa. A coleta de dados é realizada mediante o uso de alguma técnica ou *instrumento* de pesquisa. Por exemplo: podemos coletar nossos dados por meio de um questionário, uma entrevista, um microscópio, uma observação direta do comportamento de pessoas, um tomógrafo computadorizado etc. Assim, instrumento de pesquisa é um dispositivo ou processo por meio do qual mensuramos ou observamos determinado fenômeno.

Outro conceito fundamental, antes de continuarmos a explorar as estratégias, é o de *sujeito* da pesquisa, o qual se refere, basicamente, à unidade do que é pesquisado. Normalmente, utilizamos esse termo para nos reportar às pessoas pesquisadas, mas ele é mais amplo: pode significar um animal, uma empresa, uma cidade etc. De fato, os termos mais corretos seriam *unidade observacional* (quando a pesquisa for do tipo descritiva) e *unidade experimental* (quando a pesquisa for do tipo experimental), porém o termo "sujeito" já se encontra consagrado pelo uso.

Voltemos à questão da estratégia de pesquisa em relação ao local da coleta: quando os dados são coletados em uma situação controlada (por exemplo, em um experimento), trata-se de uma *pesquisa de laboratório*. De outra forma, quando os dados são coletados em uma situação na qual não há um controle rígido, chamamos essa modalidade de *pesquisa de campo*. A questão-chave, aqui, é compreender que *controle* significa o monitoramento, por parte do pesquisador, das variáveis ambientais envolvidas que podem interferir na situação de coleta. Assim, em um experimento, necessita-se de um grande controle das variáveis, porque, de outra forma, ele não gerará resultados válidos. Imagine, por exemplo, se no experimento sobre a eficácia de determinado medicamento, descrito na seção "Tipo de Pesquisa", os pesquisadores não controlassem se os sujeitos ingeriam outros remédios quando estivessem em casa: os resultados do experimento estariam comprometidos, uma vez que não seria possível determinar se os sujeitos melhoraram ou pioraram dos sintomas por causa do medicamento em teste ou de outros medicamentos que eles estivessem tomando sem o conhecimento dos pesquisadores.

O termo "laboratório" designa, então, um local qualquer onde seja possível desenvolver esse tipo de controle, em oposição ao termo "campo", ou seja, um local onde não seja possível ou necessário estabelecer um controle das variáveis pesquisadas. O termo "campo", dessa forma, costuma estar associado a locais ou situações nas quais os sujeitos encontram-se naturalmente (por exemplo: na rua, nas residências, nos locais de trabalho etc.). Lembre-se: local de coleta designa o local onde o sujeito se encontra (e não o pesquisador). Uma coleta de dados realizada por telefone ou pela internet, por exemplo, é considerada uma pesquisa de campo, uma vez que, embora o pesquisador possa estar em um "laboratório", o sujeito encontra-se em uma situação não controlada (ele pode estar atendendo à ligação ou acessando a internet de qualquer local).

Estratégias de Pesquisa em Relação à Fonte de Informação

Podemos coletar dados de sujeitos (pessoas ou animais), fenômenos (eventos sociais, físicos) ou objetos (estrelas e planetas, minerais, substâncias químicas etc.) – por isso, os termos "unidade observacional" e "unidade experimental", mencionados anteriormente, são mais adequados, pois são mais genéricos que o termo "sujeito". Quando a unidade do que é pesquisado é um documento (livros, revistas, filmes em VHS ou DVD, CDs ou fitas de áudio, prontuários arquivados, diários manuscritos, mapas, fotografias etc.), chamamos o estudo de *pesquisa documental*. Quando a unidade pesquisada é um sujeito, fenômeno ou objeto (exceto se esse objeto for um documento), chamamos o estudo de *pesquisa de campo*.

Esse item, aparentemente simples, também causa certa confusão. É sempre bom lembrar que toda pesquisa tem uma *fase documental*, ou seja, o que alguns autores denominam marco teórico ou revisão bibliográfica – a parte da pesquisa na qual o pesquisador descreve o que outros autores importantes da área têm publicado acerca do tema. Então, é claro que toda pesquisa se inicia por uma contextualização do tema estudado, e isso se faz por meio de uma série de citações de autores e trabalhos realizados antes do estudo em questão. Mas isso não faz da pesquisa, necessariamente, um trabalho documental. Basta lembrar que, se a unidade utilizada para a coleta de dados for

METODOLOGIA DA CIÊNCIA

um sujeito, objeto ou fenômeno, essa será uma pesquisa de campo (embora também utilize documentos).

Por outro lado, considere o seguinte exemplo: um pesquisador resolve fazer um levantamento de tudo que já foi pesquisado sobre determinado tema – digamos, os vulcões no arquipélago do Japão. Então, fará um extenso levantamento histórico dos artigos e livros publicados nos últimos 30 anos e desenvolverá um estudo que resuma as principais ideias e conceitos sobre o tema, a evolução desses conceitos etc. Esse tipo de trabalho, muito comum inclusive, costuma ser conhecido como estudo de revisão bibliográfica. Todavia, as pesquisas documentais não se restringem às revisões bibliográficas: uma pesquisa que visa determinar a *causa mortis* dos ex-pacientes de um hospital nos últimos três anos, tomando por base os prontuários arquivados desses indivíduos, também é uma pesquisa documental, pois a fonte de informação primordial é constituída por documentos, sejam eles em fontes impressas, sejam eletrônicas.

Para finalizar, lembra-se de que mencionamos anteriormente algo sobre a confusão que existe em relação ao termo "pesquisa de campo"? Pois bem, eis o motivo: quando dizemos "pesquisa de campo", podemos estar nos referindo à estratégia de pesquisa em relação à fonte de informação ou ao local da coleta de dados. Por isso, sempre é conveniente explicar melhor o que realmente queremos dizer com a palavra "campo".

Quadro 5.3 Estratégias de coleta de dados

Estratégias de coleta de dados	Quanto ao local da coleta de dados	Quanto à fonte de informação
	Campo	Campo
	Laboratório	Documental

Temporalidade da Pesquisa: Longitudinal *versus* Transversal

Suponha que um pesquisador deseje analisar *como* as percepções dos estudantes universitários sobre as perspectivas profissionais de suas áreas se alteraram ao longo de seu período de formação. O pesquisador tem duas formas de realizar essa pesquisa. Na primeira possibilidade, ele pode entrevistar os alunos (por meio do questionário Q_1), enquanto estão cursando a primeira série do curso, no ano de 2008. No ano seguinte, ele coleta novamente os

AS DIMENSÕES DA PESQUISA 67

dados, com os mesmos alunos, e assim procede nos próximos dois anos. Ao final de quatro anos (supondo que seja um curso com essa duração), o pesquisador analisa os dados coletados e, finalmente, pode comparar como a percepção dos alunos evoluiu ao longo do tempo.

Essa pesquisa, em relação à temporalidade, é denominada *pesquisa longitudinal* – acompanha-se o comportamento das variáveis estudadas em um mesmo grupo de sujeitos, durante certo período de tempo. No nosso exemplo, a pesquisa demorou quatro anos para ser realizada (ver Quadro 5.4).

Quadro 5.4 Esquema-exemplo de uma pesquisa longitudinal

	Coleta 1 (jan./2008)	Coleta 2 (jan./2009)	Coleta 3 (jan./2010)	Coleta 4 (jan./2011)
Grupo de sujeitos único	Q_1	Q_1	Q_1	Q_1

Mas suponha, por outro lado, que o pesquisador não disponha de quatro anos para realizar essa pesquisa. Se for esse o caso, ele tem outra opção: a *pesquisa transversal*, que pode ser realizada da seguinte forma: em vez de entrevistar os alunos ao longo do seu tempo de formação, ele pode realizar um "corte transversal" na amostra pesquisada, de forma a entrevistar, digamos, no prazo de apenas uma semana, alunos diferentes da primeira, segunda, terceira e quarta séries. Dessa forma, ele completaria a pesquisa em um prazo muito menor (ver Quadro 5.5).

Quadro 5.5 Esquema-exemplo de uma pesquisa transversal

	Coleta única (jan./2011)
Grupo de sujeitos 1 (1ª série)	Q_1
Grupo de sujeitos 2 (2ª série)	Q_1
Grupo de sujeitos 3 (3ª série)	Q_1
Grupo de sujeitos 4 (4ª série)	Q_1

Como podemos ver, em certas situações de pesquisa é possível realizar o estudo de forma longitudinal ou transversal, dependendo das condições e objetivos do pesquisador. No caso exemplificado, a pesquisa longitudinal tem como desvantagem o tempo de realização (quatro anos), embora apresente uma grande vantagem: como trabalha sempre com os mesmos sujeitos, trata-se de uma pesquisa muito fidedigna, isto é, seus dados são muito precisos.

68 METODOLOGIA DA CIÊNCIA

A pesquisa transversal, por outro lado, possui como grande vantagem o tempo de realização extremamente curto, embora os dados coletados não apresentem o mesmo grau de fidedignidade da pesquisa longitudinal.

Obviamente, nem todas as pesquisas podem ser realizadas alternativamente nas duas modalidades. Por exemplo, a pesquisa sobre a efetividade de determinado medicamento (ver seção "Tipo de Pesquisa") só pode ser realizada na modalidade longitudinal, pois os sujeitos pesquisados devem, necessariamente, ser os mesmos ao longo do tempo.

Mas tomemos cuidado para não fazer certas confusões: nem toda pesquisa longitudinal é necessariamente longa. Se você for a um laboratório de análises clínicas e realizar um exame denominado "curva glicêmica", terá seu sangue coletado diversas vezes em intervalos de meia hora entre cada coleta. Isso também é um procedimento longitudinal, embora leve apenas algumas horas. Portanto, a real diferença entre um tipo e outro consiste no fato de que, na pesquisa longitudinal, realizam-se uma ou mais coletas de dados, sempre com o mesmo grupo de sujeitos, enquanto, na pesquisa transversal, realiza-se apenas uma coleta de dados, com grupos de sujeitos diferentes.

Delineamentos de Pesquisa

Os delineamentos de pesquisa serão analisados com mais detalhes no Capítulo 10; assim, por ora, contente-se apenas com uma explicação um tanto sintética acerca do assunto. Há quatro delineamentos de pesquisa fundamentais: levantamento, correlação, experimento e quase-experimento, todos fortemente vinculados ao tipo de pesquisa (descritiva ou experimental).

O *delineamento de levantamento* constitui-se na modalidade mais simples de pesquisa que pode existir. Seu objetivo básico é descrever as variáveis envolvidas em um fenômeno (exemplo: pesquisas de intenção de voto simples, do tipo 35% votarão no candidato x, 50% no candidato y e 15% votarão em branco ou nulo).

Já o *delineamento correlacional* envolve uma pequena sofisticação em relação ao delineamento de levantamento: além de descrever as variáveis envolvidas no fenômeno, essa modalidade também busca estabelecer correlações entre as diversas variáveis pesquisadas (exemplo: uma pesquisa que correlacione a faixa etária do respondente com sua intenção de voto – pessoas mais jovens tendem a optar pelo candidato x, ao passo que pessoas mais velhas tendem a votar no candidato y etc.).

Os *delineamentos experimentais* e *quase-experimentais* ocorrerão apenas nas pesquisas do tipo experimental (ao contrário dos delineamentos de levantamento e correlacional, exclusivos do tipo de pesquisa descritivo). Em comum, os experimentos e quase-experimentos têm a característica de objetivar o estabelecimento das causas de um determinado fenômeno. A diferença básica entre o experimento e o quase-experimento é o rigor metodológico utilizado no planejamento e na execução do procedimento experimental: o experimento ideal ocorre nos delineamentos experimentais, ao passo que os experimentos realizados em condições não tão perfeitas de controle e manipulação de variáveis são conhecidos como quase-experimentos.

Não se preocupe se este tópico em particular não ficou perfeitamente claro, pois dedicamos um capítulo inteiro à questão dos delineamentos, mais à frente.

Juntando Tudo

Como pudemos observar, uma pesquisa pode ser classificada de acordo com as seis dimensões vistas neste capítulo, de forma que, por exemplo, teríamos diversas combinações dessas dimensões resultando em estudos que podem ser designados como pesquisas descritivas documentais básicas e de natureza preponderantemente qualitativa, ou pesquisas aplicadas experimentais de campo (fonte de informação) e laboratório (local da coleta), com delineamento quase--experimental e natureza preponderantemente quantitativa, e assim por diante.

De qualquer forma, seja qual for a classificação de uma pesquisa, existe ainda um último termo que não mencionamos antes por não considerá-lo propriamente uma dimensão, no sentido em que essa palavra vem sendo utilizada neste capítulo. Trata-se do termo "exploratório", que alguns pesquisadores utilizam para se referir a pesquisas cujo objetivo consiste apenas em formular hipóteses ou mesmo aumentar a familiaridade em relação a determinado tema.

Assim, a *pesquisa exploratória* (que pode ser classificada em quaisquer dos quesitos das seis dimensões vistas aqui) tem caráter preliminar: é como se o pesquisador quisesse fazer uma pesquisa simplificada em uma etapa anterior à pesquisa que, de fato, deseja realizar. É claro que, embora seja possível imaginar a existência de uma pesquisa exploratória do tipo experimental com delineamento experimental, na realidade as pesquisas exploratórias se encaixam melhor nos tipos descritivos, sendo, portanto, muito mais comuns nessa categoria.

Quadro 5.6 Classificação das pesquisas de acordo com as seis dimensões

Finalidade	Tipo/Profundidade	Estratégia: origem dos dados	Estratégia: local de realização	Natureza	Temporalidade	Delineamentos
Básica/Fundamental (objetiva o avanço do conhecimento teórico em determinada área, não visa à aplicabilidade imediata)	Descritiva (descreve e interpreta a realidade, sem nela interferir; não estabelece relações de causalidade)	Campo (utiliza dados provenientes de sujeitos humanos ou não humanos)	Campo (coleta de dados realizada em situação natural, sem o controle do experimentador)	Qualitativa (lida com fenômenos: prevê a análise hermenêutica dos dados coletados)	Longitudinal (avalia a mesma variável, em um mesmo grupo de sujeitos, com duas ou mais mensurações dessas variáveis ao longo de um período de tempo)	**Levantamento** (descreve o comportamento de variáveis) **Correlação** (estabelece relações entre as variáveis pesquisadas)
Aplicada (objetiva resolver um problema concreto e imediato da sociedade)	Experimental (busca explicar por que ocorre determinado fenômeno, manipulando deliberadamente algum aspecto da realidade)	Documental (utiliza dados provenientes de fontes documentais – livros, revistas, filmes, gravações de áudio etc.)	Laboratório (coleta de dados realizada em situação controlada)	Quantitativa (lida com fatos: prevê a mensuração de variáveis predeterminadas e a análise matemática desses dados)	Transversal (avalia a mesma variável, em uma única mensuração, em grupos diferentes de sujeitos)	**Experimento** (manipulação de certas variáveis, para verificar que efeito isso provoca em outras variáveis) **Quase-experimento** (o mesmo que o experimento, mas em condições abaixo das ideais, em termos de controle experimental)

Conceitos-Chave do Capítulo

Pesquisa qualitativa	Pesquisa descritiva	Delineamento de levantamento
Pesquisa quantitativa	Pesquisa experimental	Delineamento correlacional
Pesquisa básica	Pesquisa longitudinal	Delineamento quase-experimental
Pesquisa aplicada	Pesquisa transversal	Delineamento experimental
Pesquisa de campo	Pesquisa documental	Pesquisa de laboratório
Coleta de dados	Instrumento	Sujeito
Unidade observacional	Unidade experimental	Pesquisa exploratória

Leitura Complementar Recomendada

APPOLINÁRIO, F. *Dicionário de metodologia científica:* um guia para a produção do conhecimento científico. São Paulo: Atlas, 2004.

No que se refere aos conceitos básicos da metodologia científica, bem como à taxonomia tratada neste capítulo e sua relação com a filosofia da ciência, você certamente precisará de um dicionário. Nessa obra, você encontrará verbetes relacionados à metodologia, desde a estatística até a filosofia, passando pelas modalidades de pesquisa em diversas áreas do conhecimento. Encontrará também uma série de apêndices com a finalidade de auxiliar os alunos, pesquisadores e professores a produzirem suas pesquisas, como normas atualizadas da ABNT, legislação de pesquisa, modelos, sites científicos de busca na internet, entre outros.

As Etapas do Trabalho Científico

6

O objetivo geral deste capítulo é fornecer ao leitor uma perspectiva ampla acerca dos oito passos a serem seguidos no desenvolvimento de uma pesquisa científica. Consideramos este capítulo um índice geral do processo que, em diversos momentos, remeterá a detalhes que são especificados em capítulos posteriores.

1º Passo: Determinando o Tema e o Problema de Pesquisa

O *tema* de uma pesquisa é o assunto geral que desejamos investigar. Sendo assim, trata-se de uma definição razoavelmente ampla, que servirá de ponto de partida para todo esforço subsequente do pesquisador. Talvez você esteja interessado em estudar, por exemplo, o "comportamento dos vulcões no continente asiático", ou mesmo as "deficiências de aprendizagem de crianças da zona rural brasileira", e esses seriam temas de pesquisa perfeitamente válidos. O tema é, portanto, uma delimitação, até certo ponto vaga, acerca daquilo que se quer investigar.

Uma vez determinado o tema de sua pesquisa, a próxima providência a ser tomada é aumentar a sua compreensão geral sobre ele. Para isso, você deve recorrer a um levantamento preliminar de informações mínimas, como as que seguem:

74 METODOLOGIA DA CIÊNCIA

a) Quem são os autores clássicos e contemporâneos mais importantes nessa área?
b) Quais os principais periódicos científicos dessa comunidade?
c) Há livros recomendados sobre o tema? Quais são? Onde posso localizá-los?
d) Quais os principais conceitos envolvidos nesse assunto? Quem os definiu?
e) Existem teorias divergentes abordando o tema? Quem as elaborou? Em que sequência histórica essas teorias foram desenvolvidas?

Nessa etapa de "compreensão preliminar" do campo de estudo, a biblioteca de sua instituição e os índices de busca citados no Capítulo 4 podem ser de grande auxílio. Infelizmente, não podemos reproduzir aqui uma lista completa de índices de busca científicos, pois eles dependem da área de conhecimento que você está estudando. Assim, nossa recomendação é: procure o bibliotecário de sua instituição e converse com ele sobre as opções disponíveis. De qualquer forma, veja no Apêndice A deste livro uma lista genérica parcial com algumas das opções disponíveis.

A partir desse levantamento preliminar, deve-se proceder à leitura desse material. Mas atenção: muitos pesquisadores iniciantes incorrem no erro de negligenciar esse procedimento, e a consequência será desastrosa, pois eles não serão capazes de formular um bom *problema de pesquisa*, como veremos a seguir.

O Problema de Pesquisa

Embora o tema da investigação seja uma formulação um tanto vaga e ampla, o *problema* de pesquisa, por outro lado, deve ser formulado de maneira bastante específica e precisa, sob pena de o trabalho inteiro ruir posteriormente. Ou seja, o problema consiste em uma *pergunta* (por isso também é denominado questão de pesquisa) bem delimitada, clara e operacional. De fato, trata-se de uma especificação maior do tema, em forma de pergunta: a questão que o pesquisador deseja ver respondida na conclusão de sua pesquisa. Talvez alguns exemplos ajudem a esclarecer esse ponto:

> ### *Exemplo 1*
> *Tema:* "Responsabilidade social nas indústrias automobilísticas brasileiras"
> *Problema:* "Qual a percepção dos clientes das indústrias automobilísticas brasileiras acerca das iniciativas institucionais de responsabilidade social realizadas por elas nos últimos três anos?"

> **Exemplo 2**
>
> *Tema:* "O fumo e as doenças periodontais"
>
> *Problema:* "Existe relação entre o hábito de fumar e o fator de risco para as doenças periodontais?"
>
> **Exemplo 3**
>
> *Tema:* "Trânsito na cidade de São Paulo"
>
> *Problema:* "O uso do sistema de semáforos inteligentes na cidade de São Paulo trouxe impacto positivo para a fluidez do trânsito nos horários de maior deslocamento de veículos?"

Como pudemos observar nos exemplos, os problemas de pesquisa devem ser formulados com tal grau de clareza e especificidade que, após a sua demarcação, se torne mais fácil determinar que tipo de pesquisa devemos realizar para obter a resposta ao problema. A esse propósito, Meltzoff (1998) sugeriu uma classificação útil dos diferentes tipos de problemas científicos, bem como sua relação com os tipos de pesquisa. Assim, para ele, os problemas podem se referir a:

a) existência de um fenômeno (exemplo: "Executivos estressados apresentam baixo desempenho quando trabalham em equipe?") [Existe *X*?];

b) descrição e classificação de um fenômeno (exemplo: "Quais as características do baixo desempenho em trabalhos em equipe apresentados por executivos estressados?") [*Assumindo que exista X, quais as suas características?*];

c) composição de um fenômeno (exemplo: "Quais são os componentes cognitivos e emocionais presentes no estresse do executivo?") [*Qual a estrutura ou a composição de X?*];

d) aspectos relacionais de um fenômeno (exemplo: "Existe relação entre aspectos da cultura organizacional da empresa e o estresse do executivo?") [*Existe relação entre X e Y?*];

e) descrições e comparações entre os elementos de um fenômeno (exemplo: "Existe diferença entre a depressão e o estresse no executivo?") [*X é diferente de Y?*];

f) causalidade de um fenômeno (exemplo: "A alta rotatividade das empresas pode causar estresse nos executivos?") [*X causa Y?*];

g) causalidade-comparatividade de um fenômeno (exemplo: "A alta rotatividade das empresas causa maior estresse em executivos do sexo masculino ou feminino?") [*X causa maior alteração em Y ou em Z?*];

76 METODOLOGIA DA CIÊNCIA

h) causalidade-comparatividade interacionista de um fenômeno (exemplo: "Em quais setores da empresa a alta rotatividade causa maior estresse em executivos dos sexos masculino e feminino?") [*Em que condições X causa maior alteração em Y ou em Z?*].

Finalmente, depois de determinar com exatidão o problema de pesquisa, não se esqueça de refletir acerca das seguintes questões:

a) esse problema é novo? (ou seja, será que já não foram realizadas diversas pesquisas bem-sucedidas com a mesma questão que você formulou?);
b) esse problema é relevante social ou cientificamente? (ou seja, existe alguma justificativa razoável para a realização de sua pesquisa?);
c) esse problema pode ser respondido, dado o atual nível de desenvolvimento da área científica em questão? (não formule questões cuja operacionalização seja impossível em virtude de restrições orçamentárias ou tecnológicas).

2º Passo: Determinando os Objetivos e as Hipóteses de Pesquisa

O objetivo de toda pesquisa, de uma maneira geral, será responder ao problema formulado no passo anterior, levando em consideração alguns fatores importantes, como o tempo e os recursos disponíveis para a realização da pesquisa, a experiência anterior do pesquisador, as necessidades do programa de pesquisa ao qual o pesquisador estará vinculado, entre outros.

Normalmente, os objetivos são definidos em dois níveis distintos: geral e específico. Assim, toda pesquisa científica terá um único objetivo geral e um ou mais objetivos específicos, como no exemplo a seguir:

Tema: A mídia televisiva e a formação de opinião eleitoral

Problema: Os debates políticos televisivos em vésperas de eleições influenciam de maneira decisiva a intenção de voto do eleitor brasileiro?

Objetivo Geral: Determinar o grau de influência dos debates políticos televisivos sobre a intenção de voto dos eleitores brasileiros

Objetivos Específicos: a) Mensurar os índices de audiência desses programas junto ao público eleitor; b) Determinar distinções de classe social, em razão do grau de influência desses programas; c) Verificar se há relação entre as variáveis gênero, grau de instrução e outras características demográficas e o grau de influência sobre a intenção de voto.

Como se vê, deve haver uma perfeita relação entre o problema de pesquisa e os objetivos dela, pois, se não fosse assim, a estruturação inicial desarticulada entre esses elementos certamente comprometeria os passos seguintes do trabalho científico. De fato, o tempo gasto no desenvolvimento de uma perfeita definição e articulação entre esses elementos – o tema, o problema e os objetivos (e, como veremos, também as hipóteses de pesquisa) – certamente será um investimento que reverterá em tranquilidade para todo o trabalho posterior.

Finalmente, o último aspecto a ser levado em consideração nesse passo consiste na elaboração da(s) *hipótese*(s) de pesquisa. Podemos entender por hipótese qualquer formulação provisória que tenha por objetivo explicar uma determinada situação de pesquisa. Dizendo de outra forma: se o problema de pesquisa é a pergunta que o pesquisador faz, então a hipótese é uma resposta temporária a essa pergunta. Depreende-se, daí, que deve haver uma articulação extremamente precisa entre o problema e a(s) hipótese(s) de pesquisa. Vejamos alguns exemplos:

Exemplo 1

Tema: Eficiência da educação a distância

Problema: Por que o rendimento dos estudantes em cursos de inglês a distância, por meio da internet, é inferior ao dos estudantes de cursos presenciais?

Hipótese 1: Porque a motivação psicológica dos estudantes de cursos virtuais encontra-se comprometida em virtude da falta de interação presencial.

Hipótese 2: Porque a tecnologia educacional inerente aos cursos a distância não se encontra plenamente desenvolvida.

Exemplo 2

Tema: Uso hepato-preventivo da vitamina C

Problema: Existe correlação entre o uso prolongado da vitamina C e a incidência de doenças do fígado em pacientes acima de 60 anos?

Hipótese: Não há correlação entre o uso prolongado da vitamina C e a incidência de doenças do fígado em pacientes acima de 60 anos.

É importante ressaltar que nem toda pesquisa obrigatoriamente apresentará hipóteses. Pesquisas descritivas de levantamento, por exemplo, geralmente prescindem desse elemento. De forma geral, quando o problema de pesquisa tem como estrutura característica o "por quê?", normalmente teremos a

78 METODOLOGIA DA CIÊNCIA

presença das hipóteses (tantas quantas o pesquisador considerar necessárias). Por outro lado, perguntas do tipo "quais as características de?" ou "qual a relação entre?", por exemplo, costumam prescindir da formulação das hipóteses.

As hipóteses, quando existem, são elementos vitais em uma pesquisa científica, pois dirigirão todo o trabalho do pesquisador. De fato, podemos até mesmo dizer que uma pesquisa é uma atividade meramente voltada para a comprovação ou a refutação de hipóteses. Por isso, assim como os problemas de pesquisa, as hipóteses devem ser formuladas de maneira precisa e cuidadosa. A esse propósito, Rudio (1999) indicou que elas devem ter certas características fundamentais:

As hipóteses devem ser:

a) *plausíveis:* devem indicar uma situação possível de ser admitida cientificamente;
b) *consistentes:* seus enunciados não devem entrar em contradição com o conhecimento científico mais amplo, assim como não deve haver contradição interna no enunciado;
c) *específicas:* devem se restringir às variáveis e aos componentes que sejam fundamentais ao problema de pesquisa;
d) *verificáveis:* devem ser passíveis de verificação por meio de processos científicos aceitáveis, atualmente empregados;
e) *claras e simples:* devem ser perfeitamente compreensíveis; sua formulação deve evitar termos ambíguos, prolixos e/ou confusos;
f) *explicativas:* devem estar perfeitamente articuladas com o problema de pesquisa, ou seja, devem lhe servir como explicação.

3º Passo: Determinando o Tipo de Pesquisa

De forma geral, o tipo de pesquisa a ser realizado dependerá de como o problema foi formulado. Problemas que envolvem a determinação das causas dos fenômenos, por exemplo, naturalmente demandam pesquisas do tipo experimental (ver Capítulo 5), ao passo que problemas envolvendo classificações encaixam-se melhor em pesquisas do tipo descritivo. Veja, na Figura 6.1, a relação existente entre problemas e tipos de pesquisa.

Observe que, até esse momento, o pesquisador não realizou praticamente nada, do ponto de vista concreto: apenas determinou o tema, o problema, os objetivos e as hipóteses da pesquisa que *ainda vai realizar*. Podemos considerar esses três importantes passos um "planejamento geral" do trabalho a ser executado a seguir – os fundamentos iniciais da pesquisa. E, nesse momento específico – o terceiro passo –, muitas outras considerações devem ser feitas, levando-se em conta principalmente a classificação geral das pesquisas analisadas no capítulo anterior, ou seja:

a) A pesquisa será preponderantemente quantitativa ou qualitativa?
b) A pesquisa será descritiva ou experimental?
c) A pesquisa terá estratégia documental, de campo ou de laboratório?
d) A temporalidade será longitudinal ou transversal?
e) Qual será o delineamento? etc.

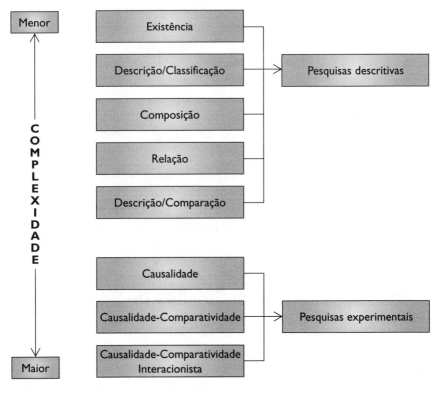

Figura 6.1 Tipos de problema e tipos de pesquisa

80 METODOLOGIA DA CIÊNCIA

Evidentemente, tais decisões dependerão dos posicionamentos epistemológicos do próprio pesquisador, já discutidos ao final do Capítulo 3, ou seja, o pesquisador está trabalhando com base em uma concepção de ciência pós-positivista ou construtivista ? Se o marco epistemológico for pós-positivista, naturalmente o pesquisador terá a tendência de optar por uma abordagem mais quantitativa e experimental, ao passo que a abordagem mais qualitativa e descritiva enquadra-se melhor a partir de uma perspectiva construtivista do conhecimento científico.

4º Passo: Construindo a Revisão da Literatura

Chegamos, então, ao ponto de finalmente "pôr a mão na massa". A partir daqui, começaremos a construir o arcabouço teórico de nossa pesquisa, isto é, procederemos a uma extensa e detalhada investigação acerca das ideias norteadoras do tema que escolhemos. Alguns autores referem-se a esse procedimento como "estabelecer um marco teórico". Basicamente, o pesquisador deve realizar um levantamento bibliográfico aprofundado nos periódicos e em outras fontes fidedignas de informações (livros, documentos, mídias eletrônicas etc.), visando produzir um texto que explicará ao leitor todo o histórico do problema proposto, os contextos teórico, técnico e social nos quais o problema se insere, bem como os principais conceitos, autores e ideias relacionados a ele.

É conveniente lembrar que esse passo começa aqui, porém não termina com o início do passo posterior – ou seja, até o final de todo o processo de pesquisa, o pesquisador provavelmente permanecerá construindo, ajustando e redimensionando esse texto introdutório. O leitor encontrará, no Capítulo 8, uma discussão aprofundada acerca do texto científico, para auxiliá-lo nessa tarefa.

5º Passo: Escolhendo os Sujeitos de Pesquisa

O sujeito de pesquisa, como vimos no Capítulo 5, é o ente objeto da investigação. Trata-se da unidade funcional daquilo que será pesquisado. O sujeito (ou unidade observacional/experimental) pode ser uma pessoa, um animal, um metro quadrado de cana-de-açúcar, uma empresa, um tipo de peça utilizado na fabricação de automóveis etc. Evidentemente, nem todas as pesquisas possuem sujeitos desse tipo: trabalhos descritivos documentais, por exemplo, não possuem sujeitos – são os chamados trabalhos de revisão bibliográfica, que se restringem a apresentar um apanhado geral das ideias acerca de determinado tema, em um dado momento.

Outra possibilidade refere-se à realização do chamado "estudo de caso", cujo escopo consiste na análise de um único sujeito de pesquisa. Os estudos de caso normalmente são pesquisas descritivas, cuja finalidade é compreender intensivamente um fenômeno típico, presumindo-se que, posteriormente, a partir desse estudo, novas pesquisas possam ser realizadas, dessa vez com maior número de sujeitos. Esse tipo de estudo tem particularidades que permitiriam classificá-lo em um enquadramento mais qualitativo e exploratório, uma vez que seu objetivo é investigar "um fenômeno contemporâneo dentro de seu contexto da vida real, especialmente quando os limites entre o fenômeno e o contexto não estão claramente definidos" (YIN, 2001, p. 32). Dizendo de outra forma: quando o nosso conhecimento acerca do fenômeno a ser investigado é por demais incipiente, convém realizar um estudo de caso para compreender melhor quais são as variáveis envolvidas, as características básicas do fenômeno etc.

De qualquer forma, quando nossa pesquisa tem sujeitos, devemos necessariamente refletir sobre duas questões básicas:

a) Quais serão os critérios de inclusão na amostra?

b) Como os sujeitos serão selecionados para participar da amostra?

A primeira questão refere-se ao fato de que toda pesquisa deve definir muito bem os parâmetros norteadores do universo potencial de sujeitos que serão escolhidos. Por exemplo: se nossa pesquisa versa sobre os "hábitos de lazer dos idosos moradores da zona oeste da cidade de São Paulo", definiríamos que, para serem sujeitos em potencial, os indivíduos devem atender aos seguintes requisitos operacionais:

- serem moradores da zona oeste da cidade de São Paulo (ou serem moradores dos bairros x, y e z);
- terem nascido antes de dezembro de 1945 etc.

A segunda questão, um tanto mais complexa, nos convida a definir o(s) processo(s) por meio do(s) qual(is) os sujeitos, tendo sido classificados como admissíveis pelos critérios de inclusão, serão efetivamente selecionados para participar do nosso estudo. Esses processos, tecnicamente, denominam-se procedimentos de amostragem e são objeto de análise detalhada no Capítulo 11.

6º Passo: Determinando os Instrumentos e Procedimentos de Coleta da Informação

Agora que você já tem uma noção precisa de quais serão os sujeitos participantes do seu estudo, o próximo passo será determinar *como* extrairá deles as informações de que precisa para resolver o problema de pesquisa. Para obter informações dos sujeitos, normalmente fazemos uso de instrumentos ou técnicas de coleta de dados. Um instrumento de pesquisa pode ser um microscópio (se nosso sujeito for uma cultura de bactérias, por exemplo), um esfigmomanômetro (aparelho para medir a pressão sanguínea), um termômetro etc. Nas ciências sociais, os instrumentos normalmente são questionários, inventários, testes psicométricos, entre outros.

Outra questão importante nessa etapa é especificar como esses instrumentos serão utilizados, ou seja, quais serão os procedimentos para a coleta dos dados: os sujeitos preencherão os próprios questionários ou serão entrevistados? Haverá um tempo limite para a aplicação do questionário? Todas essas questões são discutidas adequadamente no Capítulo 12.

7º Passo: Transcrevendo e Analisando os Dados

No caso das pesquisas quantitativas, uma vez coletados os dados, devemos passar à etapa de organizá-los e analisá-los, ou seja, digitaremos as informações em planilhas, utilizando, por exemplo, algum programa do tipo Microsoft Excel. Esse processo é conhecido como "tabulação de dados", e é por meio dele que organizaremos as diversas variáveis de nossa pesquisa em colunas, enquanto mantemos os registros de cada sujeito nas linhas das planilhas.

Estando os dados organizados, devemos proceder à sua análise estatística. Inicialmente, realizaremos análises descritivas e, se for o caso, posteriormente, análises inferenciais. Todos esses tópicos são abordados nos Capítulos 12 e 13.

Se a pesquisa for de cunho qualitativo, existem outras formas de análise que podem ser utilizadas, como a análise de conteúdo ou mesmo procedimentos fenomenológicos, explicados resumidamente no Capítulo 14.

8º Passo: Discutindo os Resultados e Concluindo

A última etapa do processo de construção de uma pesquisa envolve a apresentação dos dados tabulados no passo anterior, de forma inteligível e visualmente adequada ao leitor do trabalho. Para isso, o pesquisador deve resumir os dados tabulados inicialmente de forma bruta, fazendo uso de tabelas e gráficos (exemplificados no Capítulo 13).

Finalmente, atingimos o ponto alto do esforço de produção de uma pesquisa científica: as conclusões. Basicamente, trata-se de discutir os resultados à luz da revisão da literatura. É precisamente nesse momento que o pesquisador deve fornecer uma resposta conclusiva ao problema formulado no primeiro passo. E, se for o caso, tomando-se por base os resultados, é também o momento de confirmar ou refutar as hipóteses desenvolvidas no segundo passo.

Por último, deve-se comparar os resultados alcançados com os de outras pesquisas similares realizadas anteriormente e discutir, se necessário, as diferenças encontradas entre os resultados obtidos e os indicados pela literatura.

Tendo em vista o exposto neste capítulo, podemos concluir que o processo de produção de uma pesquisa científica é constituído de uma sequência de oito etapas bem-definidas que, se seguidas fielmente, produzirão um resultado final condizente com as exigências metodológicas e acadêmicas convencionadas e referendadas pela comunidade científica contemporânea. Assim, o objetivo aqui foi expor uma visão geral do processo e os detalhes são deslindados nos capítulos posteriores deste livro.

Conceitos-Chave do Capítulo

Tema	Problema	Objetivo geral
Objetivos específicos	Hipótese	Revisão da literatura

Leitura Complementar Recomendada

CAMPOS, L. F. L. *Métodos e técnicas de pesquisa em psicologia.* 3. ed. Campinas: Alínea, 2001.
Embora seja uma obra voltada especificamente para a área de psicologia, contém informações valiosas acerca das etapas do trabalho científico nas ciências humanas de forma geral. Escrita em linguagem simples e muito didática.

As Partes de um Trabalho Científico

7

Neste capítulo, analisaremos a estrutura geral de um trabalho científico – ou seja, quais as partes que normalmente encontraremos em um trabalho desse tipo, seja ele tese, dissertação, monografia de conclusão de curso de graduação, seja artigo para publicação em periódico etc. De forma geral, podemos pensar a estrutura macrodiscursiva do trabalho científico em função de três grandes seções: o pré-texto, o texto e o pós-texto, conforme pode-se observar no Quadro 7.1.

Quadro 7.1 Estrutura geral dos trabalhos científicos

Pré-texto	Capa, Folha de Rosto, Ficha Catalográfica, Dedicatória, Agradecimentos, Resumo, Palavras-Chave, *Abstract, Keywords*, Sumário, Lista de Figuras, Lista de Tabelas, Lista de Abreviações, Apresentação.
Texto	Introdução, Objetivos, Justificativa, Corpo do Trabalho (ou Desenvolvimento), Método, Cronograma, Orçamento, Resultados, Conclusões.
Pós-texto	Referências, Anexos, Índice Remissivo, Glossário.

Dependendo da forma que o trabalho assumir, alguns dos itens observados podem ou não estar presentes. Por exemplo: não é comum encontrar dedicatórias e agradecimentos em artigos de periódicos. Em teses e dissertações, por outro lado, esses itens são muito comuns. Por isso, em negrito, encontram-se destacados os itens que sempre aparecerão em todo trabalho científico, qualquer que seja seu formato final.

Dessa forma, antes de explicar cada uma das partes componentes do trabalho científico, torna-se necessário examinar os principais tipos e modalidades de trabalhos que podemos encontrar na prática científica do dia a dia.

Monografias

A maioria dos trabalhos científicos pode ser denominada genericamente monografia, na medida em que esse termo significa simplesmente um texto que versa sobre um único tema. Porém, normalmente nos referimos apenas às teses, dissertações e trabalhos de conclusão de curso como monografias.

Teses e Dissertações

São os tipos de trabalhos científicos (monografias) mais sofisticados – e de maior tamanho também. As dissertações são o produto final de um curso de mestrado, e a tese é o produto final de um curso de doutorado. São trabalhos extensos e detalhados acerca do tema que o aluno da pós-graduação *stricto sensu* está pesquisando e que serão submetidos a uma banca examinadora, que arguirá o candidato ao grau de mestre ou doutor sobre o conteúdo da pesquisa. Reveja o Capítulo 4, para outros detalhes.

Trabalhos de Conclusão de Curso (TCCs)

São monografias de menor envergadura, normalmente exigidas como parte dos requisitos para se completar um curso de graduação ou de pós-graduação *lato sensu*.

Artigos e *Papers*

São textos, muito menores que as monografias, cuja finalidade é sua publicação em periódicos científicos.

Projetos de Pesquisa

São textos normalmente breves (8 ou 10 páginas), cuja finalidade é propor a alguma instituição a execução futura de uma pesquisa científica. Frequentemente, por exemplo, exige-se que o candidato a um programa de mestrado ou doutorado elabore, de antemão, um projeto de pesquisa, o qual fará parte do próprio processo de seleção do candidato ao programa. Projetos de pesquisa também servem para a seleção de candidatos aos programas de iniciação científica de graduação, bem como para que os pesquisadores possam pedir verbas para as instituições em que trabalham ou para o financiamento de agências de fomento à pesquisa (ver Capítulo 4).

Quadro 7.2 Itens presentes nas diversas modalidades de trabalhos científicos

	Teses e dissertações	TCCs	Artigos e *papers*	Projetos de pesquisa
Elementos Pré-textuais	**Capa, Folha de Rosto, Ficha Catalográfica,** Dedicatória, Agradecimentos, **Resumo, Palavras-Chave,** *Abstract, Keywords,* **Sumário, Lista de Figuras, Lista de Tabelas,** Lista de Abreviações, Apresentação.	**Capa, Folha de Rosto,** Dedicatória, Agradecimentos, **Resumo, Palavras-Chave,** *Abstract, Keywords,* **Sumário,** Lista de Figuras, Lista de Tabelas, Lista de Abreviações, Apresentação.	**Título, Resumo, Palavras-Chave,** *Abstract, Keywords.*	**Capa,** Folha de Rosto, **Resumo, Palavras-Chave,** *Abstract, Keywords,* Sumário.
Texto	**Introdução,** Objetivos, **Corpo do Trabalho** (ou **Desenvolvimento**), **Método, Resultados, Conclusões.**	**Introdução,** Objetivos, **Corpo do Trabalho** (ou **Desenvolvimento**), **Método, Resultados, Conclusões.**	**Introdução, Corpo do Trabalho** (ou **Desenvolvimento**), Método, Resultados, **Conclusões.**	**Introdução, Objetivos, Justificativa, Corpo do Trabalho** (ou **Desenvolvimento**), **Método, Cronograma,** Orçamento.
Elementos Pós-textuais	**Referências,** Anexos, Índice Remissivo, Glossário.	**Referências,** Anexos, Índice Remissivo, Glossário.	**Referências,** Anexos.	**Referências,** Anexos.

* Os itens em negrito são normalmente obrigatórios em cada modalidade.

88 METODOLOGIA DA CIÊNCIA

Como podemos observar no Quadro 7.2, dependendo da modalidade de trabalho científico, determinados itens podem ou não fazer parte da estrutura macrodiscursiva dos trabalhos. A seguir, temos uma breve explicação acerca de cada um dos itens mencionados anteriormente (exemplos e modelos desses itens podem ser encontrados no Capítulo 15 e no Apêndice B).

Os Elementos Pré-textuais

Capa

Trata-se do envoltório identificador do trabalho, contendo as principais informações referentes ao título, ao autor e à data de produção do trabalho.

Folha de Rosto

Trata-se de uma segunda capa, contendo todas as informações da capa original e mais um pequeno texto explanatório acerca do propósito e do contexto institucional do trabalho.

Ficha Catalográfica

Texto contendo a identificação e as características catalográficas da obra, geralmente produzido com a ajuda de um bibliotecário, e que servirá para auxiliar na alocação da obra fisicamente na biblioteca (normalmente uma tese ou dissertação).

Dedicatória

Página na qual o autor explicitará uma homenagem, dedicando o produto final de seu trabalho a um ou mais indivíduos considerados pessoalmente significativos.

Agradecimentos

Parte na qual o autor relacionará as pessoas e/ou instituições que o auxiliaram na consecução de seu trabalho, podendo, se assim desejar, comentar a natureza desse auxílio. É de praxe também, nessa seção, mencionar todo auxílio em forma de bolsas ou financiamentos de pesquisa que o autor obteve para a realização do trabalho, assim como sua vinculação institucional (por exemplo, a universidade à qual está vinculado etc.).

Resumo

Representa a essência do trabalho, tendo grande importância para o processo de indexação da pesquisa nos índices setoriais de conhecimento (ver Capítulo 4). Normalmente, deve-se restringir ao tamanho de 150 a 200 palavras (isso pode variar de acordo com normas institucionais particulares) e conter, concisa e objetivamente, os objetivos, o método, os resultados e as principais conclusões do trabalho.

Palavras-Chave

Três a cinco termos acerca do tema do trabalho, os quais serão utilizados (juntamente com o resumo) na indexação da pesquisa.

Abstract e *Keywords*

Versões em inglês do *Resumo* e das *Palavras-chave*. Eventualmente, como no caso de certos programas de doutorado, podem ser requeridas versões também em outras línguas, como francês, espanhol e alemão.

Sumário

Lista enumerada sequencial dos tópicos que constarão no trabalho, acompanhados dos números das páginas em que podem ser encontrados pelo leitor.

Listas de Figuras, Quadros e Tabelas

Trata-se de sumários específicos das figuras, quadros e tabelas utilizados no trabalho.

Lista de Abreviações

Relação de abreviações utilizadas no trabalho. Nessa lista, não se mencionam as páginas em que tais abreviações aparecerão.

Apresentação

Seção na qual são explicadas as circunstâncias em que o trabalho foi realizado. Informa-se também sobre a estrutura geral dada ao texto, podendo-se incluir alguns agradecimentos adicionais e outros informes gerais que o autor considere úteis para proporcionar ao leitor uma adequada percepção global do trabalho.

Os Elementos do Texto

Introdução

O objetivo dessa seção é explicitar e contextualizar o problema de pesquisa, por meio de uma revisão da literatura acerca do tema estudado. Deve apresentar e discutir todos os conceitos principais que serão utilizados durante a pesquisa, bem como explicitar os objetivos, a justificativa e a importância do tema a ser desenvolvido (se isso ainda não houver sido feito na *Apresentação*).

Objetivos

Nessa seção, o autor deve delinear o objetivo geral do trabalho (por exemplo: para que ele serve? Qual sua finalidade principal?), assim como os objetivos específicos, se houver (por exemplo, além do objetivo geral, que outros aspectos secundários também serão abordados no trabalho?).

Justificativa

Texto no qual se justifica o trabalho sob o prisma científico, social, institucional e pessoal, no qual o autor explicará por que tal trabalho mereceu (ou merece) ser realizado.

Corpo do Trabalho (Desenvolvimento)

É a parte do texto na qual serão apontadas as relações entre a literatura sobre o tema e o fenômeno ou objeto pesquisado. Constitui uma extensão e um aprofundamento da *Introdução* e pode ser nomeada e subdividida de acordo com os critérios que façam mais sentido ao autor.

Método

Seção que normalmente se subdivide em quatro partes: Sujeitos, Materiais, Procedimentos e Considerações Éticas. O objetivo geral é explicitar as decisões e opções metodológicas adotadas pelo autor, durante as diversas etapas de produção do trabalho.

- **Subseção Sujeitos** Onde serão discutidas as informações atinentes ao(s) sujeito(s) da pesquisa, ou seja, quem são (dados populacionais), quais suas características (dados demográficos) e como foram selecionados para compor a amostra (técnica de amostragem utilizada, bem como os critérios de inclusão e exclusão da amostra).

- **Subseção Materiais** Onde serão indicados os instrumentos (questionários, formulários, roteiros de entrevistas, aparelhos etc.) e materiais (papéis, materiais gráficos, equipamentos etc.) utilizados na coleta dos dados.

- **Subseção Procedimentos** Onde serão explicitados os procedimentos pelos quais, por meio dos instrumentos, os dados foram coletados (por exemplo: como os sujeitos foram abordados, em que condições e contextos os dados foram coletados, instruções verbais de preenchimento de questionários, instruções acerca da participação em experimentos etc.).

- **Subseção Considerações Éticas** Destinada às considerações sobre os riscos potenciais aos quais os sujeitos serão expostos como resultado da sua participação na pesquisa, o sigilo das informações coletadas etc.

Cronograma

Trata-se de uma tabela em que constam as atividades que serão desenvolvidas (nas linhas) e quanto tempo durarão (normalmente em meses, nas colunas). Veja um modelo de cronograma no Apêndice B.

Orçamento

Quando o projeto de pesquisa pleiteia a concessão de bolsas e/ou verbas para sua realização, é necessário que o pesquisador elabore um orçamento que discrimine as despesas envolvidas na execução da pesquisa (salários, serviços de consultoria, materiais, equipamentos, viagens etc.).

Resultados

Seção na qual os dados coletados, reformatados dentro de uma lógica que permita uma apreciação simples e imediata, serão apresentados de forma sintética e visualmente eficiente. Normalmente são usados gráficos e tabelas para a exposição de informações de natureza numérica e/ou figuras e esquemas para a apresentação de dados qualitativos.

Conclusões

É a parte na qual o autor realiza o fechamento do trabalho, apresentando suas implicações para a teoria, a prática e os trabalhos subsequentes. Nessa parte, os resultados apresentados na seção *Resultados* serão cotejados com os conceitos

METODOLOGIA DA CIÊNCIA

teóricos desenvolvidos na *Introdução* e no *Corpo do Trabalho*, procedendo--se a uma análise crítica desses resultados e da própria metodologia utilizada na sua geração. Dessa forma, procede-se a uma síntese das principais conclusões, bem como à sinalização e sugestão de recomendações para a realização de pesquisas adicionais.

Os Elementos Pós-textuais

Referências

Nesse tópico, o autor arrolará todos os textos e fontes de informação que lhe serviram de suporte e que foram citados ao longo do trabalho. Devem ser realizadas de acordo com as normas descritas no Apêndice C.

Anexos

Parte reservada para a apresentação de informações importantes, porém não essenciais à compreensão dos argumentos desenvolvidos durante o trabalho. Por exemplo: tabelas com dados brutos, documentos auxiliares, originais de questionários e formulários etc.

Índice Remissivo

Trata-se de um índice de assuntos, *conceitos* ou termos em ordem alfabética, com a indicação das páginas em que podem ser encontrados. Diferencia-se do *Sumário*, que é organizado por tópicos, na sequência em que aparecerão no trabalho.

Glossário

Lista de conceitos e suas definições, para auxiliar leitores que não são versados no assunto de que trata o trabalho.

Conceitos-Chave do Capítulo

Elementos Pré-textuais	Texto	Elementos Pós-textuais
Artigo	Projeto de pesquisa	Capa
Folha de rosto	Ficha catalográfica	Dedicatória
Agradecimentos	Sumário	Apresentação
Introdução	Objetivos	Justificativa
Corpo do trabalho	Método	Cronograma
Orçamento	Resultados	Conclusões
Referências	Anexos	Índice remissivo
Glossário		

Leitura Complementar Recomendada

COOPER, D. R.; SCHINDLER, P. S. *Métodos de pesquisa em Administração*. 7. ed. Porto Alegre: Bookman, 2003. Uma das obras mais completas sobre a prática da pesquisa em ciências humanas, embora o título especifique a área de administração como foco privilegiado do texto.

O Discurso Científico 8

Uma das maiores dificuldades a ser suplantada por quem deseja escrever um trabalho acadêmico ou científico refere-se ao *ato de escrever*, propriamente dito. Ou seja, às dificuldades inerentes à produção do chamado "discurso científico". Embora haja ainda certas controvérsias sobre como se deve conduzir esse discurso (controvérsias essas que nos remetem de volta às discussões apresentadas ao final do Capítulo 3), aceita-se, de forma geral, que esse discurso deva ter algumas características fundamentais: *clareza, objetividade, simplicidade, concisão* e *precisão*. Observemos, como um primeiro exemplo, o trecho a seguir:

> *Nesse trabalho, será demonstrado que a dimensão de moléculas das substâncias que estão dissolvidas em uma solução diluída não dissociada pode ser determinada a partir da viscosidade interna da solução e do solvente puro, e a partir da taxa de difusão do soluto no solvente, desde que o volume de uma molécula do soluto seja grande quando comparado com o volume de uma molécula do solvente. Isso é possível porque, com relação à sua mobilidade dentro do solvente e a seus efeitos sobre a viscosidade deste último, essa molécula irá se comportar aproximadamente como um corpo sólido em suspensão em um solvente. Assim, nas vizinhanças imediatas de uma molécula, podem-se aplicar as equações da hidrodinâmica ao movimento do solvente; o líquido é*

METODOLOGIA DA CIÊNCIA

> *tratado como homogêneo, e, portanto, sua estrutura molecular não precisa ser levada em consideração*[1].

O trecho acima, extraído da tese de doutoramento do físico Albert Einstein, ilustra perfeitamente as cinco características citadas (muito embora, caso você não seja físico ou químico, tenderá a ter dúvidas quanto ao quesito simplicidade – mas isso se deve provavelmente mais ao seu desconhecimento do vocabulário da área do que ao texto propriamente dito).

O Problema da Opinião

Uma das dúvidas mais frequentes entre os novatos da escrita científica nos remete a um tema polêmico: a opinião. A pergunta é: "Mas não posso dar a minha opinião num artigo/tese/TCC?" A resposta que a maioria dos professores/orientadores dá é: "Não". Bem, antes de você se revoltar, vamos primeiro definir o termo *opinião*: a) maneira de pensar, de ver, de julgar; b) julgamento pessoal; c) hipótese, ideia não verificada ou sem fundamento; d) crença adotada como verdade pelo senso comum sem qualquer reflexão a respeito de sua validade (HOUAISS; VILLAR, 2009). Toda essa confusão é gerada quando não compreendemos a concepção que se encontra por trás do produto que estamos gerando. Por exemplo, se estivéssemos escrevendo um artigo para publicação em um jornal diário, em uma revista comercial (como *Veja*, *IstoÉ*, *Época* etc.), ou mesmo em um relatório empresarial, é certo que poderíamos (e deveríamos) expressar nossas opiniões. Mas, a não ser que a subjetividade faça parte do método de pesquisa que estamos empregando, normalmente não podemos expressar nossas opiniões. Dizendo de outra maneira: a opinião nada mais é do que uma afirmação sem bases teóricas ou empíricas. Trata-se, portanto, de especulação.

Em vez de opiniões o texto científico é construído com base em argumentos fundamentados em teorias, fatos consolidados e dados. *Teorias* são sistemas de conceitos, processos e ideias que encontram-se ainda em avaliação por parte da comunidade científica e que tem a finalidade de explicar um fenômeno ou conjunto de fenômenos (por exemplo: a Teoria da Relatividade de Albert Einstein, a Teoria da Motivação-Higiene de Frederick Hezberg, a Teoria dos

---

[1] STACHEL, J. (Org.) *O ano miraculoso de Einstein*: cinco artigos que mudaram a face da física. Rio de Janeiro: Editora da UFRJ, 2001.

O DISCURSO CIENTÍFICO 97

Jogos de Neumann e Morgenstern). *Fatos consolidados* são acontecimentos que, por consenso social, podemos dizer que ocorreram (a Segunda Guerra Mundial, a crise do petróleo dos anos 1970 e o valor da ação da Petrobrás em uma data e horários específicos). *Dados* são elementos de natureza informativa e que podem vir de outros trabalhos científicos (*dados secundários*) ou da própria pesquisa que se está realizando, por meio de entrevistas, questionários, observações, medidas objetivas realizadas por aparelhos, indicadores de produção etc. (*dados primários*).

O Sistema Citação-Referência

Além das características mencionadas anteriormente (clareza, objetividade, simplicidade, concisão, precisão e ausência de opiniões), outro elemento muito importante presente nos textos científicos é a *citação* – ou seja, a menção de uma ideia, conceito ou dado extraído de outra fonte documental e de responsabilidade de outro(s) autor(es). Vejamos um exemplo[2]:

> Tal como defendido por Roberts, Zeidner e Matthews (2001), a percepção emocional não é uma entidade singular, uma vez que cada emoção possui forma e função distintas. Sifneos (1977) introduziu o termo alexitimia para referir-se às pessoas que parecem privadas de palavras (*lexis*) e para designar o humor (*thymos*). Posteriormente, Campbell (1996) descreveu a alexitimia como um traço de personalidade (...).

As citações são elementos muito comuns em textos científicos. Quando o leitor se depara com uma citação, ele espera encontrar algumas informações básicas acerca do autor original das ideias que estão sendo mencionadas. No exemplo acima, pode-se depreender que um autor (cujo sobrenome é "Sifneos"), em uma obra publicada em 1977, propôs um novo termo ("alexitimia"). Observe que, pela citação, não podemos dizer se a obra é um livro, tese, artigo etc. Sequer sabemos se Sifneos é uma pessoa ou uma organização, pois não temos seu nome completo. Para obtermos essa informação detalhada, precisamos ler a seção de referências do trabalho, onde encontraremos a seguinte informação:

---

[2] Exemplo adaptado de: MIGUEL et al., "Alexitimia e inteligência emocional: estudo correlacional", *Psicologia: Teoria e Prática*, v. 12, n. 3, p. 52-65, 2010.

> SIFNEOS, P. E. Psychothérapie brève et crise émotionnelle. Bruxelles: Pierre Mardaga, 1977.

Agora é possível determinar que a obra em questão é um livro, escrito em francês, publicado em Bruxelas (Bélgica) pela editora Pierre Mardaga e o autor é uma pessoa: P. E. Sifneos (veja o apêndice C para entender por que a obra é um livro e não outro tipo de obra).

Sistemas Normativos

Você deve estar se perguntando: Por que a citação e a referência foram feitas daquelas maneiras específicas (sobrenome, ano – na citação; sobrenome, nomes abreviados, título do livro em itálico etc. – na referência)? Porque estamos adotando aqui uma convenção. Ou seja, tanto as citações quanto as referências não podem ser feitas da maneira que cada um deseja: existem normas técnicas que devem ser respeitadas.

Existem diversos sistemas normativos, como as Normas Brasileiras (NBR) da ABNT – Associação Brasileira de Normas Técnicas (veja: http://www.abnt.org.br), as normas da APA - *American Psychological Association* (veja AMERICAN PSYCHOLOGICAL ASSOCIATION, 2006), as normas de Vancouver (veja o Apêndice D), as normas ISO – *International Organization for Standardization* (ver http://www.iso.org), dentre outras.

Em nosso país, as duas normas mais utilizadas são as da ABNT (o texto deste livro, por exemplo, segue este sistema normativo) e da Vancouver. Essas últimas são particularmente muito utilizadas nas áreas da saúde, enquanto as primeiras são mais frequentes nas demais áreas de conhecimento. Neste capítulo, vamos trabalhar com as normas da ABNT, entretanto, no Apêndice D, o leitor encontrará instruções de como proceder para escrever seu texto respeitando as normas de Vancouver.

Como Fazer Citações e Referências

Primeiro, é necessário que se diga que há diversas normas ligadas à elaboração dos trabalhos científicos e acadêmicos, que são adotadas por muitas instituições de ensino no Brasil:

O DISCURSO CIENTÍFICO 99

Quadro 8.1 Principais normas da ABNT acerca dos trabalhos científicos

Norma:	Regras para:
NBR 6.022	Apresentação geral de artigos em periódicos científicos impressos
NBR 6.023	Elaboração de referências
NBR 6.024	Numeração progressiva de documentos
NBR 6.027	Elaboração de sumários
NBR 6.028	Elaboração de resumos de trabalhos científicos
NBR 6.032	Abreviações de títulos de periódicos e publicações seriadas
NBR 6.033	Uso da ordem alfabética em documentos
NBR 10.520	Citações
NBR 14.724	Apresentação geral de trabalhos acadêmicos (teses, dissertações e outros)

Embora sejam muitas as normas que regulamentam a elaboração do tipo de texto que estamos examinando aqui, na prática as duas normas mais importantes são a NBR 6.023 e a NBR 10.520, que normatizam, respectivamente, as referências e as citações. Vejamos, então, a estreita relação existente entre essas duas entidades:

Citação: menção de uma informação extraída de outra fonte (ABNT, 2002) e indicada no corpo do texto.

Referência: texto descritivo padronizado que permite a identificação de uma obra, ou parte dela (ABNT, 2002a), e que se encontra disposto em uma seção do texto científico intitulada "Referências", posicionada normalmente ao final do trabalho.

Observemos um exemplo do sistema citação-referência, utilizando as duas normas juntas[3]:

---

[3] Todos os exemplos deste ponto em diante, neste capítulo, foram retirados de: APPOLINÁRIO, F. *Avaliação dos efeitos do treinamento em neurofeedback sobre o desempenho de adultos universitários.* Tese de doutorado em Psicologia. Universidade de São Paulo, São Paulo, 2001.

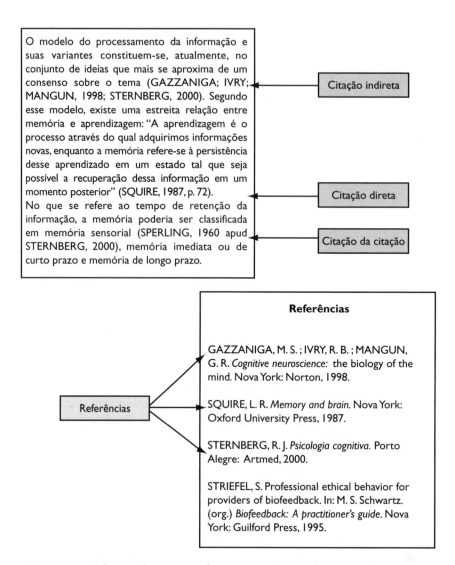

Nesse exemplo, podemos verificar a existência dos três tipos de citação encontrados nos textos científicos:

a) **Citação Indireta:** Quando mencionamos as ideias de outros autores com as nossas palavras (ou seja, resumimos, adaptamos ou reconstruímos o texto original que estamos citando);

b) **Citação Direta:** Quando "copiamos" literalmente o texto de outras obras e o importamos para o nosso trabalho (ou seja, utilizamos exatamente as mesmas palavras do texto que estamos citando);

O DISCURSO CIENTÍFICO 101

c) **Citação da Citação:** Quando queremos citar um autor, por meio da citação de outro autor, utilizando para isso o termo latino "apud" (que significa "citado por").

Quando fazemos citações indiretas, basta mencionar o sobrenome do(s) autor(es), seguido do ano de publicação da obra. Nas citações diretas, é necessário, quando possível, incluir o número exato da página (ou intervalo de páginas) em que o texto citado aparece na obra original, além do uso das aspas duplas para delimitar o trecho copiado. Vejamos alguns exemplos:

> Para Olson (1995), essas definições deveriam ser agrupadas em duas grandes categorias: as processuais e as teleológicas.
>
> ou
>
> As definições deveriam ser agrupadas em duas grandes categorias: as processuais e as teleológicas (OLSON, 1995).

Como pudemos ver no exemplo anterior, qualquer que seja o tipo de citação, temos dois estilos básicos para fazê-las: ou indicamos o autor original antes da citação ou depois. No primeiro caso, colocamos o sobrenome do autor em texto normal e apenas o ano (e a página, se for uma citação indireta) entre parênteses. No segundo caso, colocamos todos os elementos entre parênteses, com o nome do autor todo em letras maiúsculas. Veja, a seguir, um exemplo de citação direta, com dois autores da mesma obra:

> Para Green e Green (1977, p. 4): "o treinamento em biofeedback é uma ferramenta para o aprendizado da autorregulação psicossomática".
>
> ou
>
> Outros autores defendem, por exemplo, que "o treinamento em biofeedback é uma ferramenta para o aprendizado da autorregulação psicossomática" (GREEN; GREEN, 1977).

A citação da citação ocorre quando não se teve acesso direto à fonte primária da informação – ou seja, não foi possível encontrar a obra original que se está citando, mas sim outra obra que faz referência à primeira. Veja como no exemplo a seguir indicamos uma citação feita por Schubert, encontrada na obra de Samulsky (citação da citação direta):

102 METODOLOGIA DA CIÊNCIA

> Para Schubert (1981 apud SAMULSKY, 1985), a atenção "é um estado consciente através do qual uma pessoa dirige processos psíquicos sobre um determinado objeto, pessoa ou ação" (p. 36).
>
> ou
>
> A atenção "é um estado consciente através do qual uma pessoa dirige processos psíquicos sobre um determinado objeto, pessoa ou ação" (SCHUBERT, 1981 apud SAMULSKY, 1985, p. 36).
>
> ou
>
> A atenção consciente é obtida quando o indivíduo dirige sua percepção e cognição para um determinado objeto (SCHUBERT, 1981 apud SAMULSKY, 1995).

Como pôde ser visto, há algumas variações para grafarmos as citações – e todas estão corretas: trata-se apenas de uma questão de estilo. Na prática, o texto fica mais elegante e agradável de se ler quando variamos esses estilos de citação. Além disso, convém ressaltar também que, quando a obra citada tiver mais de um autor, seus sobrenomes devem vir separados por ponto e vírgula, se estiverem entre parênteses, e por vírgula e pela conjunção "e", se não estiverem:

> As drogas que excitam ou deprimem esse sistema atuam diretamente sobre o processo de atenção (MARROCO; DAVIDSON; PHILIPSON, 1998).
>
> ou
>
> De acordo com Marroco, Davidson e Philipson (1998), as drogas que excitam ou deprimem esse sistema atuam diretamente sobre o processo de atenção.

Na eventualidade de haver mais de três autores, pode-se utilizar a expressão latina "et alli" ("e outros") ou, simplesmente, "et al.", depois do nome do autor principal do trabalho. Observe que, quando se utiliza esse recurso, os verbos utilizados devem concordar com os sujeitos da oração, ficando no plural:

> Em crianças, Solomon et al. (1986) já **haviam** estabelecido que...
>
> ou
>
> Em crianças, Solomon et alli (1986) já **haviam** estabelecido que...
>
> ou ainda
>
> Em crianças, Solomon e outros (1986) já **haviam** estabelecido que...

O DISCURSO CIENTÍFICO 103

Há também os casos em que se deseja colocar no texto citações diretas mais extensas (normalmente, superiores a três ou quatro linhas no texto original). Neste caso, não se deve utilizar aspas para delimitar o texto copiado, mas sim proceder a uma editoração do texto, de forma a estabelecer um recuo do parágrafo à esquerda (opcionalmente, à direita também). Pode-se, inclusive, diminuir o tamanho da letra e diminuir o espaçamento entre as linhas para espaçamento simples: a ideia é montar o texto de tal forma que fique claro para o leitor qual é o texto copiado:

> A atenção talvez seja um dos mais antigos constructos teóricos da psicologia e, mesmo antes, na própria filosofia. Para permanecermos apenas na primeira, há um século, William James (1890) já afirmava:
>
>> Todos sabemos o que é a atenção. É tomar posse, através da mente, de uma forma clara, de um dentre vários objetos ou cadeias de pensamentos simultâneos possíveis. A focalização e a concentração da consciência são sua essência. Isso implica o abandono de certas coisas para que se possa lidar efetivamente com as outras (p. 403-404).
>
> A importância desse conceito tem oscilado consideravelmente em função dos diversos paradigmas vigentes em cada época na psicologia.

Para evitarmos a excessiva repetição da menção de autores de uma mesma fonte, por uma questão estilística, podemos utilizar algumas expressões úteis em latim, como *opus citatum* (ou *op. cit.*, abreviadamente) e mesmo o conhecido *idem*:

> Todavia, esses métodos de treinamento pareciam produzir apenas estados de relaxamento não específicos (CRANE; SOUTAR, 2000). Segundo esse autores (op. cit.), esses desenvolvimentos iniciais foram os responsáveis pela reputação – errônea – até hoje difundida...
>
> ou
>
> Todavia, esses métodos de treinamento pareciam produzir apenas estados de relaxamento não específicos (CRANE; SOUTAR, 2000). Segundo esse autores (idem), esses desenvolvimentos iniciais foram os responsáveis pela reputação – errônea – até hoje difundida...

Cabe ressaltar também as citações feitas a documentos produzidos por instituições (empresas, governos, organizações nacionais e internacionais etc.), que devem seguir o mesmo padrão. Observe os exemplos a seguir:

104 METODOLOGIA DA CIÊNCIA

> Segundo o Ministério da Saúde (2011), o percentual de adultos com pressão alta teve queda em Porto Velho em 2010.
>
> A própria Constituição estabelece padrões mínimos de qualidade de ensino indispensáveis à condução da educação nacional (BRASIL, 1988).
>
> Somente a estatal Petrobrás (Petróleo Brasileiro S/A) investiu cerca de R$ 210 milhões em projetos de preservação ambiental entre os anos de 2003 e 2008 (PETROBRÁS, 2011).

Desejo fazer ainda duas últimas recomendações sobre o estilo do texto científico. Primeiro, evite o uso de pronomes pessoais, principalmente os de primeira pessoa do singular ou do plural ("eu" e "nós"). No texto acadêmico (a não ser que o método do trabalho contraindique esse procedimento), deve-se utilizar, preferencialmente, o sujeito indeterminado. Assim, ao invés de escrever algo como "Neste trabalho, eu descobri que...", escreva "Neste trabalho, descobriu-se que...". Em vez de "Pudemos determinar que...", escreva "Pode-se determinar que...".

E segundo, quanto aos verbos utilizados para fazer a menção da citação, evite o uso de "dizer" e "falar", que são verbos mais adequados ao discurso oral. Utilize, em vez disso, verbos como "indicar", "asseverar", "apontar", "defender", "analisar", "conceituar", "argumentar", "afirmar", como nos exemplos abaixo:

> Sternberg (2000), por exemplo, afirma que...
>
> Por outro lado, Gazzaniga, Ivry e Mangun (1998) defendem a ideia de que...
>
> Desde os anos 1980, autores como Squire (1987) e Striefel (1989) já apontavam a necessidade de...
>
> Enquanto Olson (1995) assevera que (...), Solomon et al. (2009) argumentam, ao contrário, que...

Concluindo, podemos depreender dessas regras todas que o discurso científico (e acadêmico) deve seguir um padronização que, diga-se de passagem, pode parecer um tanto complexa ao pesquisador iniciante[4]. A sugestão que

---

[4] Alguns poderiam se perguntar: Por que neste livro utilizo pronomes pessoais e violo algumas das recomendações discutidas neste capítulo? Porque o presente trabalho é um *livro didático*, e não um texto científico!

O DISCURSO CIENTÍFICO 105

podemos fazer é: a melhor maneira de aprender esse estilo é ler artigos e textos escritos dentro desses parâmetros. Apenas não se esqueça de que, ao ler uma monografia qualquer, você deve se perguntar: a) em que sistema normativo esse trabalho foi escrito?, b) qual versão da norma adotada? Pode ser, por exemplo, que se esteja lendo um trabalho escrito segundo a norma certa, mas numa versão anterior à atual (por exemplo, a NBR 6.023, de 2000, e não a última, que data de 2002). Isso pode induzi-lo a erro. Assim, evite copiar a maneira pela qual outros autores fazem referências e citações. Para completar seu conhecimento, dê uma olhada nos Apêndices C e D, ao final do livro.

Conceitos-Chave do Capítulo

Normas técnicas	Citação	Referência
Citação direta	Citação Indireta	Citação da citação

Leitura Complementar Recomendada

APPOLINÁRIO, F.; Gil, I. *Como escrever um texto científico*: teses, dissertações, artigos e TCC. São Paulo: Trevisan Editora Universitária, 2011.

ASSOCIAÇÃO BRASILEIRA DE NORMAS TÉCNICAS. *NBR 6.023*: informação e documentação: referências – elaboração. Rio de Janeiro, 2002a.

ASSOCIAÇÃO BRASILEIRA DE NORMAS TÉCNICAS. *NBR 10.520: informação e documentação*: citações em documentos. Rio de Janeiro, 2002b.

Variáveis e Níveis de Mensuração

9

Quando investigamos determinados fenômenos por meio das pesquisas científicas, organizamos nossa percepção e nossa compreensão dessa realidade pelo uso das *variáveis*. Podemos entender as variáveis, portanto, como os aspectos ou as propriedades daquilo que examinaremos. Além disso, como o nome já denuncia, a variável possui um conteúdo inconstante – ou seja, ela "varia".

Digamos, por exemplo, que estamos interessados em investigar as características das pessoas que frequentam determinado setor de um hospital. Podemos levantar informações como a idade, o sexo, o nível socioeconômico e o motivo principal da procura pelo serviço. Esses quatro itens seriam as nossas variáveis de pesquisa.

Podemos, então, dizer que as variáveis são as *características* ou as dimensões que o pesquisador elege como relevantes para a sua investigação (CAMPOS, 2001), donde se depreende que elas se constituem nas entidades organizadoras centrais de um trabalho científico.

Características Gerais das Variáveis

As variáveis também têm certas características ou atributos, como um nome, sua definição, seu escopo e um determinado nível de mensuração. Vejamos alguns exemplos de variáveis e suas qualidades:

108 METODOLOGIA DA CIÊNCIA

Quadro 9.1 Alguns exemplos de variáveis de pesquisa

Nome da variável	Definição	Escopo	Unidade de medida	Nível de mensuração
Sexo	Gênero de um indivíduo: conjunto de características definidoras do papel reprodutivo de um organismo.	Masculino; feminino.	Teórica/ Conceitual	Nominal
Idade	Tempo de vida decorrido desde o nascimento até uma determinada data tomada como referência.	0 até aproximadamente 110, com intervalos expressos em números inteiros.	Anos	Racional
Nível Socioeconômico	Classificação gerada a partir do Critério Brasil (ABEP, 2009) que calcula a classe socioeconômica de um indivíduo em um dado momento.	A1; A2; B1; B2; C; D; E.	Teórica/ Conceitual	Ordinal
Quociente de Inteligência	Valor obtido por meio da fórmula $QI = (IM/IC) \times 100$, onde: IM = idade mental e IC = idade cronológica.	30 até aproximadamente 200, com intervalos expressos em números inteiros.	Teórica/ Conceitual (pontos de QI)	Intervalar

É extremamente importante que, em qualquer pesquisa, as variáveis estejam bem delineadas de antemão, para evitar confusões e imprecisões quando o trabalho vier a ser executado de fato. Assim, estabelecer com precisão a definição de uma variável proporcionará ao pesquisador uma base sólida, a partir da qual ele pode, com segurança, garantir que essa variável será coletada e analisada da forma correta, posteriormente.

A adequação da definição operacional de uma variável é denominada *validade de constructo*. Essa validade refere-se ao grau em que a definição da variável reflete corretamente o seu significado teórico. Isso é particularmente relevante nas ciências sociais, que fazem uso frequente de variáveis abstratas, como "grau de autoestima" (APPOLINÁRIO, 1998), "nível de comprometimento organizacional" (SIQUEIRA, 1994), "nível de felicidade" (GRAZIANO, 2005) etc. Ou seja, dizemos que uma variável tem alta validade de constructo quando ela mede corretamente o constructo teórico a que se propõe. Por exemplo: ao mensurarmos a "autoestima" dos sujeitos em uma pesquisa, é preciso garantir que o que está sendo efetivamente medido é, de fato, a autoestima (conforme determinada definição teórica) e não outra propriedade psicológica qualquer, tal como a "dominância" (COZBY, 2003).

Selltiz, Wrightsman e Cook (1987) asseveram que uma pesquisa, por si só, também pode ter validade de constructo, desde que identifique e nomeie corretamente todas as suas variáveis. Assim, se todas as variáveis tiverem a validade de constructo, a pesquisa também a terá.

Além da questão da definição operacional da variável, também é necessário estabelecer o conjunto de valores dentro dos quais é lícito uma variável variar. Nos exemplos anteriores, vemos que a variável *idade* pode assumir valores entre 0 e 110 – ou seja, não é possível a um ser humano ter uma idade negativa ou de 300 anos: assim, esse será o *escopo* dessa variável, nessa pesquisa.

Outra característica importante é a unidade de medida de uma variável: podemos estabelecer, por exemplo, que a variável *idade* seja medida em meses (ou semanas), em vez de anos, ou que a variável *nível socioeconômico* (*NSE*) tome por base outro critério classificatório, como o antigo Critério Brasil[1], que subdividia a população brasileira em apenas cinco classes: A, B, C, D e E.

É importante reconhecer, dessa forma, que todas essas características são da responsabilidade do pesquisador, ou seja, é ele quem estabelece a definição, o escopo, a unidade de medida e, por último, o nível de mensuração das variáveis – isso sem mencionar o fato de que, obviamente, também é ele quem escolhe as variáveis que farão parte ou não do estudo.

De fato, muitas das variáveis de uma pesquisa – notadamente nas ciências sociais (por exemplo, psicologia, sociologia, economia etc.) – são únicas e exclusivas daquela pesquisa. Imaginemos, por exemplo, que um pesquisador esteja desenvolvendo uma investigação sobre a percepção que os operadores da bolsa de valores têm acerca da realidade política e econômica de um determinado governo. Talvez ele viesse a desenvolver um questionário (instrumento de pesquisa) que contivesse perguntas como:

---

[1]   O Critério Brasil para a classificação socioeconômica de cidadãos brasileiros encontra-se descrito em detalhes em Appolinário (2004).

> Qual é a sua opinião sobre a atual política fiscal e tributária em nosso país?
>
> ( ) Ideal
> ( ) Próxima da ideal
> ( ) Razoável
> ( ) Temerária
> ( ) Catastrófica
>
> Como você avalia as últimas declarações do ministro da Fazenda acerca da atual política de juros?
>
> ( ) Concordo totalmente
> ( ) Concordo parcialmente
> ( ) Não concordo nem discordo
> ( ) Discordo parcialmente
> ( ) Discordo totalmente

Cada uma dessas perguntas constitui uma das variáveis da pesquisa em questão, sendo totalmente particular e inerente a esse estudo em especial. O escopo dessas variáveis corresponde ao conjunto de alternativas que podem ser assinaladas pelos respondentes, e a unidade de medida é teórica, pois o escopo foi formulado levando-se em conta determinados parâmetros preestabelecidos, de acordo com as expectativas teóricas do pesquisador.

Níveis de Mensuração das Variáveis

Toda variável reflete uma determinada característica de um fenômeno, objeto ou organismo e, nesse sentido, podemos dizer que, a cada vez que atribuímos um valor a uma determinada variável, estamos mensurando, de alguma forma, essa característica. Quando dizemos, por exemplo, que o sujeito "Y" tem olhos azuis, 27 anos, pesa 72,5 kg e pertence à classe socioeconômica A2, estamos atribuindo certos valores às variáveis da nossa pesquisa ("cor dos olhos", "idade", "peso corporal", "NSE").

Ao atribuir um valor a uma variável, estamos realizando uma operação de mensuração, ou seja, fazendo uso de uma medida para representar certa característica da realidade. A questão fundamental aqui é que essa medida pode assumir quatro níveis diferentes: *nominal, ordinal, intervalar* e *racional* (ou proporcional).

Nível Nominal

É aquele em que os valores do escopo da variável não têm relação matemática ou de precedência lógica entre si. As classes do escopo são apenas identificadas e distinguidas umas das outras. Exemplos: a variável "cor dos olhos" e seu escopo ("azul", "verde", "castanho-claro" e "castanho-escuro"); a variável "partido político" e seu escopo ("PSDB", "PDT", "PT" etc.); a variável "sexo" e seu escopo ("feminino", "masculino").

Nível Ordinal

Nesse nível, os valores do escopo de uma variável têm uma relação de ranqueamento ou ordinalidade entre si, ou seja, encontram-se organizados em uma *ordem*, que não pode ser modificada. Exemplo: a variável "NSE" e seu escopo ("A1", "A2", "B1", "B2", "C", "D" e "E"). Observe que, do ponto de vista socioeconômico, a classe A1 é superior à classe A2, assim como a classe D é inferior à classe C etc.

Nível Intervalar

No nível intervalar, os valores do escopo, além de terem certa ordinalidade (como no nível ordinal), apresentam também uma propriedade a mais: é possível determinar o intervalo matemático exato entre uma classe de valores e outra, e esse intervalo permanece constante entre os diversos valores da escala. Tomemos como exemplo a variável "QI", cujo escopo pode variar entre 30 e 200, em números inteiros, em determinado estudo. Observe a tabela a seguir:

Sujeito	Quociente de Inteligência (QI)
A	132
B	117
C	90
D	142

Note que é possível determinar precisamente a diferença (o *intervalo*) entre os valores do escopo para cada dado sujeito. Podemos facilmente verificar que a diferença de "pontos de QI" entre o sujeito "A" e o sujeito "D" é 10. O mesmo não ocorrerá com as variáveis que têm nível de mensuração ordinal, uma vez que não é possível determinar o intervalo exato entre as classes socioeconômicas "A1" e "A2" do exemplo anterior.

Nível Racional

Vimos, no nível intervalar, que os valores do escopo, além de se organizarem em uma determinada ordem, permitem também a determinação exata do intervalo entre as classes. Porém, como a escala de valores do nível intervalar representa uma convenção teórica, não é possível estabelecer uma "proporção" exata entre as classes. Por exemplo: não é possível dizer que o dobro do QI 90 seja o QI 180, da mesma forma que não é possível afirmar que a temperatura "2°C" seja duas vezes mais quente do que "1°C". Isso ocorre porque essas escalas de valores não têm um valor "zero absoluto". Se mensurássemos a temperatura em graus Kelvin, por outro lado, seria possível dizer que o dobro de 15K é efetivamente 30K. Assim, convenciona-se dizer que as variáveis mensuradas por meio de escalas que possuem um zero verdadeiro (ou seja, não um zero convencionado, como a temperatura 0°C) têm um nível de mensuração racional (ou proporcional, já que passa a ser possível estabelecer uma proporção entre os valores da escala). Exemplos: as variáveis "idade", "salário" e "peso" – pois, em todas elas, o valor zero representa a ausência do atributo que estamos mensurando.

É importante compreender também que os níveis de mensuração têm entre si uma relação que pode muito bem ser expressa por meio de uma representação gráfica da teoria dos conjuntos, mostrando que cada nível constitui um caso particular de outro:

FIGURA 9.1   Organização dos níveis de mensuração

Assim, podemos ver que o nível de mensuração mais básico é o nominal, englobado pelo nível ordinal, e assim por diante. Agora, você deve estar meditando sobre qual seria a relevância de conhecer o nível de mensuração de determinada variável... Essa é uma pergunta simples de responder: se você estiver realizando uma pesquisa quantitativa (ver Capítulo 5), é extremamente importante que esteja consciente de quais operações estatísticas podem ou não ser realizadas com e entre as diversas variáveis do seu estudo, uma vez que, dependendo do nível específico de mensuração de uma variável, será possível utilizar com ela apenas certas operações que a estatística nos oferece. O Quadro 9.2 exemplifica essa questão com propriedade:

VARIÁVEIS E NÍVEIS DE MENSURAÇÃO 113

Quadro 9.2 Níveis de mensuração e estatísticas possíveis

Escala	Estrutura matemática	Operações empíricas básicas	Estatísticas possíveis	Exemplos
Nominal	Grupo de Permutação $x = f(x)$ [onde $f(x)$ significa qualquer substituição; exemplo: homem = 1/mulher = 2]	Determinação de igualdade	Número de casos % moda	Sexo, cor dos olhos, partido político
Ordinal	Grupo Isotônico $x = f(x)$ [onde $f(x)$ significa qualquer função monotônica crescente. Exemplo: ordenação]	Anteriores, determinação >, <	Anteriores, mediana, percentis	Classificação em concursos, escalas tipo Likert (ver Capítulo 12)
Intervalar	Grupo Linear Geral $x = ax \lessgtr b$ [multiplicação por constante]	Anteriores, determinação dos intervalos das diferenças	Anteriores, média, desvio-padrão, correlação de postos (Spearman [estatística não paramétrica, dados não normais]), correlação produto-momento (Pearson)[estatística paramétrica, dados normalizados])	Escore de QI, temperatura medida em graus Celsius
Racional	Grupo de Similaridade [presença do zero absoluto]	Anteriores, determinação da igualdade de razões	Todas, por exemplo, coeficiente de variação	Tempo, temperatura medida em graus Kelvin, número de filhos

Fonte: Stevens (1946).

Vemos no Quadro 9.2 que, quando trabalhamos com uma variável nominal, o máximo que podemos fazer com ela são as operações de contagem (distribuição de frequências e percentuais absolutos) e a única medida de tendência central possível de ser utilizada é a *moda* (valor mais frequente em uma distribuição). Se a variável for intervalar, por outro lado, muitas outras operações são permitidas, como a *média aritmética, desvio-padrão* e *correlações* etc. O único nível de mensuração que permite todas as operações estatísticas possíveis é o nível racional – daí concluímos que se trata do nível de mensuração ideal em pesquisa, visto que permite ao pesquisador um grau superior de liberdade ao analisar os dados coletados.

Tipos de Variáveis

Em ciência, existem diversas classificações e denominações para os mais diferentes tipos de variáveis, e enumerar todos esses sistemas classificatórios exorbitaria muito a abrangência deste trabalho. Sendo assim, vamos adotar, para efeitos de simplificação, uma classificação com apenas três tipos principais, com base na função que determinada variável exerce no trabalho científico. Nesse sistema, podemos classificar as variáveis como: *genéricas*, *dependentes* e *independentes*.

Variável Genérica

Típica em pesquisas descritivas, é a variável que serve apenas a uma função descritiva (HORVAT; DAVIS, 1997), ou seja, uma variável que será coletada por meio de um instrumento qualquer e que será meramente objeto de uma análise estatística descritiva. Pensemos, por exemplo, em uma pesquisa cuja finalidade seja levantar as características demográficas dos alunos do ensino fundamental de determinada região de uma cidade. Serão coletadas nesse estudo certas variáveis genéricas, como sexo, idade, renda familiar, grau de escolaridade dos pais etc. Ao final do estudo, realiza-se um resumo desses dados por meio da estatística descritiva (médias, desvios, frequências, gráficos visualizadores etc.).

Variável Independente

Tipo de variável que ocorre apenas em estudos experimentais, sendo manipulada pelo pesquisador com a finalidade de verificar como ela afeta outras variáveis. A suposição básica é de que a variável independente constitua-se na causa de determinado processo que está sendo estudado em um experimento. Por exemplo: em uma pesquisa médica, deseja-se averiguar o efeito de um medicamento experimental sobre determinada doença. Alguns pacientes receberão um placebo (medicamento sem efeito) e outros, a droga experimental, enquanto se monitora o que ocorre com a saúde desses pacientes. A variável independente aqui é o "tipo de droga administrada" (placebo ou droga experimental).

Variável Dependente

É a contrapartida do tipo anterior: se a variável independente é a suposta causa, a variável dependente é o suposto efeito a ser observado em um experimento. No exemplo anterior, podemos ter diversas variáveis dependentes:

a pressão arterial, a frequência cardíaca, o nível de glicose no sangue etc. Daí concluímos que esses dois tipos de variáveis trabalham sempre juntos (BLAXTER; HUGHS; TIGHT, 1996). De fato, a suposição básica de qualquer experimento é a de que a variável independente seja a causa e a variável dependente seja o efeito, por isso, sempre manipulamos a variável independente (ou seja, fazemos com que varie), enquanto observamos o que ocorre com a variável dependente (que supostamente "depende" da primeira). No próximo capítulo, examinaremos com mais detalhes o funcionamento desses tipos de variáveis nos experimentos.

Outras Designações Comuns das Variáveis

Independentemente da classificação vista na seção anterior, as variáveis comumente recebem outras designações, de acordo com suas características intrínsecas ou mesmo com o tipo de dado que podem receber em seu escopo. Assim, além de serem genéricas, dependentes ou independentes, elas também podem ser, simultaneamente:

Variáveis Categóricas e Contínuas

Enquanto as variáveis categóricas podem receber apenas valores discretos (números inteiros), as variáveis contínuas podem receber valores contínuos (números reais). Pensemos, por exemplo, na variável "número de dependentes para efeitos de imposto de renda", que pode assumir apenas os valores 0, 1, 2 etc., enquanto a variável "peso" pode assumir valores como 78,342 kg ou 57,231 kg. É claro que isso depende muito de como o próprio pesquisador deseja utilizar seus dados – ele pode determinar que uma variável do tipo "peso" assuma apenas valores discretos, por exemplo.

Variáveis Contínuas e Descontínuas

Outro sentido para o termo "variável contínua" é possível: trata-se da chamada estabilidade temporal de determinada variável, ou seja, sua relação com o fator tempo em uma dada pesquisa. Por exemplo, digamos que, em um estudo em particular, deseja-se aferir a opinião dos eleitores em dois momentos: antes e depois de um debate eleitoral. Por meio de um instrumento (um questionário, nesse caso), coletamos algumas variáveis como idade, sexo e opinião sobre determinado candidato ("competente", "neutro" ou "incompetente"). Aplicamos o questionário no momento "A" (antes do debate) e no momento "B" (depois do debate). Dizemos, então, que as variáveis "sexo" e "idade" são

116 METODOLOGIA DA CIÊNCIA

contínuas (não podem se modificar entre os dois momentos de coleta de dados), enquanto a variável "opinião sobre o candidato" é descontínua (pode, em tese, se modificar).

Variável Dicotômica ou Binária

Essa categoria de variável pode assumir apenas duas classes de valores, como "masculino/feminino", "sim/não", "aprovado/reprovado" etc.

Variável Demográfica

Variável utilizada para coletar dados demográficos, ou seja, dados que descrevem as características de uma população de sujeitos (por exemplo: sexo, idade, nível socioeconômico, grau de escolaridade, renda familiar mensal, estado civil etc.).

Conceitos-Chave do Capítulo

Variável	Escopo da variável	Níveis de mensuração
Nível nominal	Nível ordinal	Nível intervalar
Nível racional	Variável genérica	Variável dependente
Variável independente	Variável categórica	Variável contínua
Variável descontínua	Variável dicotômica	Variável demográfica
Validade de constructo		

Leitura Complementar Recomendada

LEVIN, J; FOX, J. A. *Estatística para as ciências humanas*. 9. ed. São Paulo: Prentice Hall, 2004.
Consideramos este livro um clássico da estatística para pesquisadores, agora em sua nona edição. De fato, se você necessita de uma boa revisão dos conceitos da estatística, este é um excelente livro básico sobre o tema, o qual inclui todas as referências a variáveis e níveis de mensuração feitas neste capítulo.

Delineamentos de Pesquisa

10

O delineamento de uma pesquisa (também conhecido pelo termo em inglês *research design*) representa o planejamento, com certo grau de detalhamento, daquilo que se pretende realizar. Trata-se do plano ou do esquema que o pesquisador pretende utilizar em seu trabalho, e podemos considerar o delineamento de pesquisa um detalhamento do terceiro passo das etapas do trabalho científico explanadas no Capítulo 6.

Como não podia deixar de ser, há várias classificações para os delineamentos de pesquisa. Por exemplo: Selltiz, Wrightsman e Cook (1987, 1987a, 1987b) defendem a existência de quatro delineamentos principais: experimentos, quase-experimentos, levantamento e observação participante. Já Cozby (2003) prefere subdividi-los basicamente em delineamentos experimentais e não experimentais. Adotaremos aqui um modelo já explorado anteriormente (APPOLINÁRIO, 2004), por sua vez embasado na visão de outros autores (por exemplo, CAMPOS, 2001; JONES, 1995; LEEDY; ORMROD, 1985; RUDIO, 1985, entre outros).

Nesse modelo, temos quatro grandes grupos de delineamentos – dois deles ligados intrinsecamente às pesquisas descritivas (*levantamento* e *correlação*) e os outros dois ligados às pesquisas experimentais (*quase-experimento* e *experimento*). Mas, antes de explorarmos melhor esses delineamentos, temos de conhecer o conceito de validade em pesquisa.

Validade Interna, Validade Externa e Fidedignidade das Pesquisas

O conceito de validade refere-se genericamente ao grau de "correção" ou verdade acerca de como determinada informação é representada. Por exemplo: quando nos referimos às variáveis – conforme vimos no capítulo anterior –, temos que a validade de constructo mede o grau de adequação da definição de uma variável em relação ao constructo teórico que ela se propõe a medir em determinada realidade. Porém, os conceitos de validade interna e externa referem-se à outra dimensão: os resultados ou conclusões de uma pesquisa.

A *validade interna* concerne ao grau em que determinada pesquisa favorece ou não o estabelecimento de relações de causa e efeito entre as variáveis estudadas. Dizemos que uma pesquisa tem alta validade interna quando proporciona inferências causais sólidas, o que normalmente ocorrerá apenas em pesquisas do tipo experimental (ver Quadro 10.4).

A *validade externa*, por outro lado, reflete o grau em que a pesquisa demonstra algo que pode ser generalizado para outros contextos, além do original da própria pesquisa. Ou seja, afirmamos que uma dada pesquisa tem alta validade externa quando seus resultados também são válidos para outras pessoas (e não apenas para os sujeitos da pesquisa), situações e condições. De fato, a questão da validade externa é bastante complexa, pois uma análise desse tipo de validade dependerá de muitos fatores, como o método de amostragem dos sujeitos e o tipo de análise estatística realizada, entre outros. Contudo, de um modo geral, as pesquisas descritivas tendem a refletir a realidade de forma mais precisa que as pesquisas experimentais (APPOLINÁRIO, 2004; CAMPOS, 2001; COZBY, 2003; RUDIO, 1985).

Já o conceito de *fidedignidade* tem diversas acepções, dependendo do contexto em que é empregado. Quando se refere às pesquisas como um todo, guarda uma relação próxima com o conceito de validade externa. Dizemos que uma pesquisa é fidedigna quando seus resultados podem ser replicados por meio de outras pesquisas – por isso, só há fidedignidade se houver validade externa. As outras aplicações desse termo estão circunscritas a questões particulares, como a fidedignidade teste-reteste (grau de correlação existente entre dois eventos de coleta de dados com os mesmos sujeitos), fidedignidade entre observadores (grau de correlação entre as observações feitas por indivíduos diferentes – típica em pesquisas na área de psicologia) etc.

Delineamento de Levantamento

Trata-se da modalidade mais simples de pesquisa descritiva, que tem por finalidade apenas investigar as características de determinada realidade ou mesmo descobrir as variáveis componentes dessa realidade. Pensemos, por exemplo, nas pesquisas de intenção de voto pré-eleitorais: nesse tipo de pesquisa, entrevistam-se alguns milhares de eleitores em diversas capitais (se a pesquisa for de âmbito nacional) e, ao final, descreve-se a realidade momentânea, com informações como os percentuais de eleitores que pretendem votar no candidato A, no candidato B, em branco etc.

Esse tipo de delineamento faz uso extensivo de variáveis genéricas, normalmente tendo validade externa muito alta e validade interna quase nula. Isso ocorre porque, no primeiro caso, a margem de erro da generalização de uma pesquisa desse tipo é muito baixa (normalmente, entre 1% e 2%) – ou seja, em nosso exemplo, se a pesquisa fosse realizada às vésperas de uma eleição, suas previsões quase certamente seriam confirmadas. Por outro lado, em uma pesquisa desse tipo de delineamento, não é possível inferir nada a respeito dos motivos pelos quais certas pessoas pretendem votar no candidato A, ao passo que outras pretendem votar no candidato B ou em branco – ou seja, essa pesquisa não favorece o estabelecimento de inferências causais, tendo, portanto, uma validade interna muito baixa ou praticamente nula.

Delineamentos Correlacionais

Nessa categoria, encontram-se os delineamentos em que ocorre a comparação entre certas variáveis do estudo, porém ainda sem os rigores da pesquisa experimental, ou seja, esses delineamentos não propiciam o estabelecimento de inferências causais fortes. Por esse motivo, eles às vezes também costumam ser denominados delineamentos *pré-experimentais*.

A ideia básica aqui é comparar a ocorrência conjunta de certas variáveis em contexto natural (JONES, 1995), frequentemente por meio do uso da técnica estatística denominada "correlação". Utilizando o exemplo dado no item anterior, podemos imaginar uma pesquisa eleitoral que tivesse por objetivo correlacionar certas variáveis, como sexo, grau de escolaridade e intenção de voto. A pesquisa pode identificar, por exemplo, que as pessoas do sexo masculino ou com mais baixa escolaridade tendem a votar no candidato A, as do sexo feminino tendem a preferir o candidato B, e assim por diante. Trata-se,

120 METODOLOGIA DA CIÊNCIA

portanto, de uma "evolução" do delineamento de levantamento, no qual apenas identificamos e levantamos (observamos, coletamos) as variáveis. Há, basicamente, dois tipos de delineamentos correlacionais: *comparação com grupo estático* e *painel*.

Comparação com Grupo Estático

Nesse tipo de delineamento correlacional, temos a comparação entre dois grupos de sujeitos; em um ocorre uma condição e, no outro, essa condição não ocorre. Por exemplo: em uma determinada pesquisa, deseja-se investigar a relação entre a ingestão de vitamina C e a incidência de gripes e resfriados.

Quadro 10.1 Esquema de um delineamento de comparação com grupo estático

Grupos	Condição	Procedimento
Grupo 1 (n = 100)	Tomaram suplementos de vitamina C diariamente	Verificar incidência anual de gripes e resfriados
Grupo 2 (n = 100)	Não ingeriram suplementos de vitamina C	Verificar incidência anual de gripes e resfriados

Nessa pesquisa, temos dois grupos de sujeitos, com cem integrantes cada. Os integrantes do primeiro grupo ingerem suplementos de vitamina C diariamente durante o período de um ano, enquanto os integrantes do segundo grupo não fizeram uso desse suplemento (ver Quadro 10.1). Ao final do período de pesquisa, afere-se a incidência de gripes e resfriados nos integrantes dos dois grupos, durante o ano analisado. A título de exemplo, o resultado poderia indicar que 60% das pessoas que tomaram vitamina C tiveram uma incidência de gripes e resfriados considerada baixa, contra apenas 35% dos integrantes do grupo que não ingeriram a vitamina. Observe-se que esses resultados não permitem concluir que "tomar vitamina C diariamente diminui a incidência de gripes e resfriados", mas apenas que as duas variáveis ("tomar vitamina C" e "incidência de gripes e resfriados") encontram-se relacionadas de alguma forma.

Isso ocorre porque, para que seja possível afirmar que uma variável X "causa" a variável Y, é necessário que haja três condições básicas (SELLTIZ; WRIGHTSMAN; COOK, 1987):

a) as duas variáveis devem covariar (ou seja, certos valores da variável X devem ocorrer com determinados valores da variável Y);

b) X deve preceder Y no tempo;

c) não deve haver outras variáveis alternativas que expliquem o comportamento de Y.

Como vemos, é possível propor a hipótese de que pessoas que ingerem vitaminas diariamente provavelmente também têm outros hábitos saudáveis, como praticar alguma atividade física, ter uma alimentação mais balanceada etc., o que naturalmente explicaria o melhor funcionamento do seu sistema imunológico. Em decorrência disso, também não é possível afirmar que houve uma precedência da variável "tomar vitamina C" sobre a variável "incidência de gripes e resfriados". Assim, embora possa haver uma relação entre as duas variáveis (condição *a*), não é possível afirmar categoricamente que uma seja a causa da outra (em razão da violação das condições *b* e *c*) – impossibilidade que será típica em todas as pesquisas de delineamento correlacional.

Painel

A diferença básica desse delineamento correlacional para o anterior é o fator tempo: nesse tipo de estudo, a questão crucial é a análise das mudanças que ocorrem nos grupos no decorrer do tempo, justamente para também podermos atingir a condição *b* (X deve preceder Y no tempo). Tomemos, por exemplo, uma pesquisa na qual se deseja verificar se a variável "tipo de treinamento" (presencial ou virtual) encontra-se relacionada com o desempenho de alunos para o estudo de geografia. Digamos que sejam selecionados 200 estudantes para o estudo, divididos em dois grupos iguais. O primeiro grupo receberá aulas pela internet e o segundo frequentará aulas presenciais sobre o mesmo tema. Durante a pesquisa, com três meses de duração, serão realizadas três avaliações de desempenho, como pode ser visualizado no Quadro 10.2.

Quadro 10.2 Esquema de delineamento de painel

Grupos	Condição	Procedimento
Grupo 1 (n = 100)	Aulas presenciais	Mês 1: Prova 1
		Mês 2: Prova 2
		Mês 3: Prova 3
Grupo 2 (n = 100)	Aulas presenciais	Mês 1: Prova 1
		Mês 2: Prova 2
		Mês 3: Prova 3

METODOLOGIA DA CIÊNCIA

Evidentemente, esse é um exemplo ilustrativo muito simples, pois as pesquisas de painel têm, com frequência, dezenas de variáveis em estudos que podem durar anos – e mesmo décadas, como no caso dos realizados pelo IBGE e pelo Dieese[1].

Cabe lembrar que tanto o delineamento correlacional de comparação com grupo estático como o correlacional de painel são pesquisas do tipo descritivo, tendo alta validade externa e baixa validade interna, pelos motivos já discutidos.

Delineamentos Experimentais e Quase-Experimentais

Os dois grandes grupos de delineamentos da pesquisa experimental são o delineamento experimental e o quase-experimental. A diferença fundamental entre um e outro é o grau de rigor na condução do experimento e, consequentemente, a confiabilidade dos resultados obtidos. Mas, antes de explorarmos esse assunto em detalhes, vejamos como funciona e quais os elementos básicos de um *experimento* clássico.

Primeiro, é necessário lembrar que, para uma pesquisa ser considerada experimental (quanto ao tipo), ela deve atender às três condições básicas da causalidade, ou seja: a) as variáveis devem covariar; b) deve haver uma clara precedência temporal entre as variáveis estudadas, e c) não deve haver variáveis nem hipóteses explicativas rivais (alternativas). Como vimos, as pesquisas correlacionais não conseguem atender às três condições simultaneamente.

Segundo, devemos observar a presença de dois tipos de variáveis muito importantes em qualquer experimento: a variável independente (VI) e a variável dependente (VD) (ver Capítulo 9). A pressuposição básica de qualquer experimento é que a VD varie em função da VI – e nenhum experimento prescindirá da existência conjunta de, no mínimo, uma variável independente e uma variável dependente.

Como exemplo de um experimento clássico, imaginemos que pesquisadores da área veterinária estejam interessados em comprovar a eficácia de um novo tipo de ração para o ganho de peso de suínos. Para isso, 300 animais são divididos aleatoriamente em dois grupos, com igual número de integrantes.

---

[1] IBGE: Instituto Brasileiro de Geografia e Estatística (www.ibge.gov.br); Dieese: Departamento Interssindical de Estudos Econômicos (www.dieese.org.br).

DELINEAMENTOS DE PESQUISA   123

O primeiro grupo será alimentado com ração convencional e o segundo receberá o novo tipo de ração a ser testado. Durante um mês, todos os animais ficarão confinados em uma área específica, recebendo a mesma quantidade de água e ração diariamente. Antes do início do experimento, todos os animais são identificados, numerados e pesados. Ao final do experimento, repete-se o procedimento de pesagem e compara-se a efetividade das duas rações.

Quadro 10.3   Esquema de um experimento clássico

Grupos	1ª Etapa: Pré-teste (mensuração da VD)	2ª Etapa: Intervenção (manipulação da VI)	3ª Etapa: Pós-teste (mensuração da VD)
Grupo Experimental (n = 150)	Medição do Peso (VD)	VI = Ração Comum	Medição do Peso (VD)
Grupo Controle (n = 150)	Medição do Peso (VD)	VI = Ração Experimental	Medição do Peso (VD)

Nesse esquema geral, podemos perceber que o grupo que recebe a ração nova é denominado *grupo experimental*, e o que não a recebe é denominado *grupo controle*. O grupo controle é muito importante, pois será utilizado como elemento de comparação, para verificar a efetividade da condição experimental (no caso, a eficiência da nova ração). Dois outros elementos importantes desse esquema são o *pré-teste* e o *pós-teste*: o primeiro representa a medição (observação) da(s) variável(is) dependente(s) *antes* da realização da intervenção experimental, ao passo que o segundo representa a medição das mesmas variáveis *depois* da intervenção experimental.

Vejamos outro exemplo: em uma determinada pesquisa, deseja-se verificar os efeitos das cores na propaganda televisiva sobre a recordação de informações acerca do produto veiculado. Nesse estudo, o pesquisador seleciona 90 participantes, dividindo-os em três grupos homogêneos. No laboratório (situação controlada), os sujeitos do primeiro grupo assistiriam a comerciais de determinado produto, nos quais predominam a cor vermelha. Os sujeitos do segundo grupo assistiriam a comerciais com predominância da cor verde, e os sujeitos do terceiro grupo, a comerciais em preto e branco. Após uma hora de descanso, os participantes seriam entrevistados para a verificação de suas lembranças sobre as informações básicas do produto, veiculadas nos comerciais. Ao final, compara-se o "grau de recordação" dos três grupos.

Como se pode observar, nesse experimento não ocorreu o chamado "pré-teste". Tampouco é possível dizer que houve um grupo controle, pois o conjunto de sujeitos que assistiu ao comercial em preto e branco também foi

124 METODOLOGIA DA CIÊNCIA

submetido a uma condição experimental (uma vez que branco, preto e cinza também são cores). Disso, depreendemos que existem diversas variações do experimento clássico:

- experimentos sem e com grupo controle;
- experimentos com diversos grupos experimentais;
- experimentos sem e com pré-teste;
- experimentos com vários pré e/ou pós-testes ao longo do tempo;
- experimentos com uma ou mais VIs;
- experimentos com uma ou mais VDs etc.

De qualquer maneira, independentemente das diversas formas possíveis que o experimento possa assumir, ele sempre terá a mesma essência: trata-se de uma situação controlada, na qual um pesquisador faz variar (manipula) certas variáveis (VIs), enquanto observa (mensura) o que ocorre com outras variáveis (VDs).

Retornando agora à questão da diferença fundamental entre os delineamentos experimental e quase-experimental, cumpre assinalar que o grau de confiabilidade de um experimento dependerá basicamente de três condições básicas:

a) o controle das variáveis estranhas ao experimento;
b) a manipulação e mensuração adequada das VIs e VDs;
c) a seleção aleatória dos sujeitos participantes.

O grau de confiabilidade que confere a uma pesquisa o título de *estudo experimental com delineamento experimental* requer que as três condições básicas estejam plenamente satisfeitas – o que resultará em uma altíssima validade interna, ou seja, na possibilidade de uma inferência causal sólida e bem estabelecida entre a(s) VI(s) e a(s) VD(s), embora a validade externa desse tipo de pesquisa fique relativamente prejudicada por causa da impossibilidade de reproduzir, em situações controladas, todas as condições do ambiente natural (CAMPOS, 2001). Por outro lado, chamamos de *pesquisa experimental com delineamento quase-experimental* os estudos que atendem apenas a uma ou duas dessas condições.

O pleno controle das variáveis estranhas ao experimento (também chamadas de *exógenas*) é muito importante, pois, de outra forma, o estudo seria correlacional e não experimental. Imagine, por exemplo, que na pesquisa sobre o grau de recordação das pessoas de acordo com as cores utilizadas nos comerciais, alguns dos sujeitos já conhecessem de antemão os detalhes e as

DELINEAMENTOS DE PESQUISA   125

especificações do produto utilizado na pesquisa. Se tal fato ocorresse, o pesquisador não teria como afirmar que o grau de recordação (VD) variou de acordo com o tipo de comercial assistido (VI), e não de acordo com conhecimentos anteriores dos sujeitos (VIn – variável exógena interveniente [ver Capítulo 9]). Por esse motivo, experimentos devem ser realizados sempre em situações controladas, o que geralmente só é possível em laboratórios[2] (ver *Estratégias de Pesquisa em Relação ao Local da Coleta de Dados*, no Capítulo 5).

A segunda condição, igualmente importante, prevê que o pesquisador deve garantir meios para a correta manipulação da(s) VI(s), bem como para a acurada mensuração da(s) VD(s). Essa questão relaciona-se com a validade de constructo das variáveis, que devem ter sido bem definidas de antemão, além da garantia de que o instrumento de pesquisa, de fato, mensure corretamente as variáveis observadas.

Finalmente, a terceira condição exige que os sujeitos da pesquisa tenham sido selecionados de forma equiprobabilística para participar do experimento, ou seja, deve ter havido um processo de *amostragem aleatória*, no qual todos os membros da população estudada possuam a mesma chance probabilística de serem escolhidos para participar da pesquisa, o que normalmente ocorre quando fazemos um sorteio. (Os diversos métodos de amostragem existentes serão mencionados no próximo capítulo.)

Quadro 10.4   Tipos e delineamentos de pesquisa

Tipo de Pesquisa	Variáveis	Operações	Grupos de delineamentos	Validade interna	Validade externa	Nível de mensuração
Descritiva	Genérica	Medição	Levantamento	Nula	Muito	Nominal
			Correlação	Muito baixa	Alta	Ordinal
Experimental	Genérica (VG) Independente (VI) Dependente (VD) Interveniente (VIn)	Medição e controle e manipulação	Quase-experimental	Alta	Tende a baixa	Intervalar
			Experimental	Muito alta	Tende a baixa	Racional

---

[2]   Alguns autores (por exemplo, COZBY, 2003; HAIR et al., 2005; SELLTIZ; WRIGHTSMAN; COOK, 1987, entre outros) consideram também a figura do *experimento de campo*, no qual a variável independente é manipulada em ambiente natural, o que é comum principalmente nas ciências humanas.

126 METODOLOGIA DA CIÊNCIA

O Quadro 10.4 ilustra muitas das relações estudadas neste capítulo e no anterior, revelando algumas associações importantes entre os diversos conceitos explorados. Observe-se que o quadro mostra, por exemplo, a presença de variáveis genéricas também nas pesquisas experimentais. Isso ocorre porque nem todas as variáveis em um experimento cumprem a função de revelar uma relação de causalidade (como é o caso das VIs e VDs). As variáveis que não estejam diretamente ligadas à inferência causal são chamadas de genéricas. Por exemplo: na pesquisa sobre os efeitos das cores nos comerciais sobre a recordação de informações dos produtos, outras variáveis também são coletadas nas entrevistas, como as demográficas, de sexo, idade, estado civil etc. Como essas variáveis não estão ligadas ao experimento em si – ou seja, não são variáveis independentes ou dependentes –, são chamadas simplesmente de genéricas.

Conceitos-Chave do Capítulo

Delineamento de pesquisa	Validade externa	Validade interna
Fidedignidade	Levantamento	Correlação
Quase-experimento	Experimento	Grupo controle
Grupo experimental	Pré-teste	Pós-teste

Leitura Complementar Recomendada

SELLTIZ, C.; WRIGHTSMAN, L. S.; COOK, S. W. *Métodos de pesquisa nas relações sociais*: I. Delineamentos de pesquisa. 2. ed. São Paulo: EPU, 1987.

Clássico da metodologia em ciências sociais, essa obra, dividida em três volumes, explora com propriedade os aspectos mais técnicos da pesquisa, tendo servido como referência básica para a formação de muitos pesquisadores, inclusive no Brasil. O primeiro volume aborda basicamente a questão dos delineamentos de pesquisa, objeto central de análise deste capítulo. Embora a classificação dada pelos autores difira um pouco da defendida no presente livro, as definições e detalhamentos dos delineamentos em si representam um excelente e acurado aprofundamento dos elementos aqui desenvolvidos.

VIEIRA, S. *Estatística experimental*. 2. ed. São Paulo: Atlas, 1999.

Recomendamos a leitura dessa obra para aqueles que desejam se aprofundar nos delineamentos experimentais, juntamente com as questões estatísticas que inevitavelmente estão envolvidas nesse tipo particular de pesquisa.

VIEIRA, S.; HOSSNE, W. S. *Metodologia científica para a área de saúde*. Rio de Janeiro: Campus, 2002. Essa obra detalha os diversos aspectos dos delineamentos de pesquisa, abordando as particularidades dos estudos nas áreas médica e biológica, principalmente no que se refere às questões éticas dos experimentos com seres humanos. Além disso, explora também certos termos típicos dessas áreas, como o uso de placebos, experimentos cegos e duplo-cegos, wash-outs, ensaios clínicos, entre muitos outros.

Amostragem 11

Quando nos referimos ao termo *amostragem*, estamos nos endereçando à questão de *como* os sujeitos serão selecionados para participar de uma pesquisa. Mas, antes de explorarmos melhor esse assunto, é necessário revisarmos dois conceitos fundamentais da estatística: *amostra* e *população*.

População Totalidade de pessoas, animais, objetos, situações etc. que possuem um conjunto de características comuns que os definem. Podemos fixar como população todos os indivíduos de determinada nacionalidade ou que residam em certa cidade ou mesmo que possuam uma série de características definidoras simultâneas específicas – algo como todas as mulheres entre 25 e 35 anos, portadoras de diabetes tipo I, pertencentes às classes sociais C, D ou E e moradoras do estado de São Paulo.

Amostra Subconjunto de sujeitos extraído de uma população por meio de alguma técnica de amostragem. Quando essa amostra é representativa dessa população, supõe-se que tudo que concluirmos acerca dessa amostra será válido também para a população como um todo.

A maioria esmagadora das pesquisas lida com amostras e não com populações, e a grande exceção é o censo – no qual todos os indivíduos integrantes de uma população são estudados. É claro que, dependendo do tamanho da população, essa tarefa seria impossível ou extremamente dispendiosa. Sendo assim, as diversas técnicas de amostragem revelam-se indispensáveis quando temos de realizar nossas pesquisas.

130 METODOLOGIA DA CIÊNCIA

A primeira questão relevante com a qual nos deparamos diz respeito ao número de integrantes da amostra. Esse é um problema complexo, cuja resposta depende muito do grau de precisão com o qual se deseja trabalhar. Basicamente, há três critérios para essa escolha:

a) *critério do senso comum*: quanto maior o tamanho da amostra, melhor. De modo grosseiro, podemos falar em um mínimo de seis sujeitos; um valor razoável situa-se entre 30 e 110 integrantes e um valor bom, acima desse patamar;

b) *critério empírico*: é o embasado na experiência de outros estudos similares ou nas recomendações consensuais de outros autores. Por exemplo, segundo Hill e Hill (2002), dependendo do teste estatístico utilizado, podemos nos nortear pelos seguintes critérios mínimos:

- teste t para duas amostras independentes: 30 sujeitos em cada amostra;

- correlação de Pearson: 40 sujeitos;

- análise fatorial: 50 sujeitos;

- análise de variância simples: entre 80 e 115 sujeitos, dependendo do número de níveis da variável independente etc.

Outros autores (por exemplo, COZBY, 2003) fixam parâmetros pelo tamanho da população estudada, conforme a tabela a seguir:

Quadro 11.1 Estimativa do tamanho da amostra com nível de confiança de 95%

Tamanho da População	Precisão da estimativa		
	3%	5%	10%
2.000	696	322	92
5.000	979	357	94
10.000	964	370	95
50.000	1045	381	96
100.000	1056	383	96
> 100.000	1067	384	96

Fonte: COZBY, 2003.

c) *critério estatístico*: utilização de fórmulas estatísticas, que levam em consideração, por exemplo, o grau de confiabilidade da estimativa (normalmente 95%, nas ciências humanas), a precisão desejada e o grau de variabilidade da amostra:

$$TA = (GC \times V/PD)^2$$

onde: TA = Tamanho da amostra;
      GC = Grau de confiabilidade;
      V = Variabilidade da população (desvio-padrão);
      PD = Precisão.

Na prática, porém, é muito difícil estabelecer o grau de variabilidade da amostra, o qual acaba tendo de ser estimado com base em estudos anteriores ou em estudos-piloto (HAIR et al., 2005).

Superada a questão do tamanho da amostra, resta ao pesquisador escolher uma forma adequada de amostragem, que dependerá também de muitos fatores, como o tempo e o orçamento disponíveis para a realização da pesquisa, o grau de facilidade de acesso aos sujeitos, restrições éticas e legais, entre outros.

Conforme pode ser observado na Figura 11.1, existem basicamente dois grandes grupos de amostragem: os *probabilísticos* e os *não probabilísticos*. Os primeiros são aqueles em que todos os membros da população têm a mesma chance estatística de serem selecionados para compor a amostra, ao passo que os segundos apresentam outros critérios de seleção, não ligados à teoria das probabilidades.

As técnicas de amostragem probabilísticas são um dos pré-requisitos básicos da pesquisa experimental com delineamento experimental (ver Capítulo 10), tendo como vantagem principal a maior garantia da representatividade real da amostra em relação à população estudada. Embora seja o ideal, nem sempre é possível trabalhar com esses tipos de amostragem, já que condições alheias à vontade do pesquisador podem interferir na realização da pesquisa, como os já citados fatores tempo e orçamento, bem como a dificuldade para o acesso aos sujeitos.

Tipos de Amostragens Probabilísticas

a) *Amostragem aleatória simples*
Nessa forma, a amostra é selecionada de maneira que a escolha de um membro da população não afete a probabilidade de seleção de qualquer outro membro. Ou seja, cada membro da população tem chances iguais

de ser selecionado para a amostra. Normalmente, esse tipo de amostragem só pode ser realizado quando temos acesso ao registro individual de cada membro da população estudada, para que possa ser realizado um sorteio.

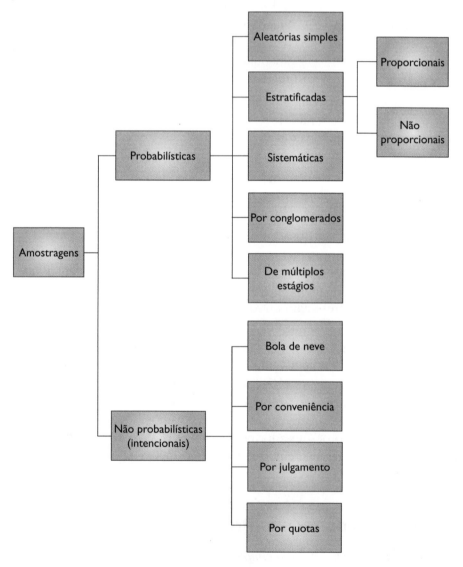

FIGURA 11.1 Visão geral acerca dos tipos de amostragem

AMOSTRAGEM 133

b) *Amostragem estratificada*

Quando ocorre a possibilidade de os sujeitos de determinada população serem subdivididos em estratos ou subclasses distintas, pode-se constituir uma amostra para cada uma dessas subclasses. Esse procedimento melhora a eficiência amostral, na medida em que as amostras estratificadas tendem a refletir melhor a realidade da população estudada, sob determinado ponto de vista. Por exemplo: deseja-se averiguar a opinião dos estudantes de determinada universidade sobre o mercado de trabalho. Porém, essa universidade oferece dois cursos com características muito distintas: direito e contabilidade. Assim, decide-se constituir duas amostras aleatórias simples separadas: a dos estudantes de direito e a dos estudantes de contabilidade. A amostra estratificada pode ser proporcional (quando o número de sujeitos selecionados em cada grupo é *proporcional* ao número de integrantes da população) ou *não proporcional* (quando o número de sujeitos selecionados em cada grupo não é proporcional ao número de integrantes da população). Evidentemente, sempre que possível, deve-se optar pela amostragem proporcional.

c) *Amostragem sistemática*

Nesse tipo de amostragem probabilística, a expansão da amostra se dá sistematicamente por meio de algum critério posicional aplicado à lista original de integrantes da população. Por exemplo: em uma população de mil funcionários de uma empresa, deseja-se extrair cem sujeitos para a amostra. Essa seleção é realizada gerando-se uma lista aleatória dos funcionários da empresa e selecionando-se cada décimo indivíduo da lista. Alternativamente, pode-se arranjar a lista populacional de acordo com algum critério previamente estabelecido e que tenha relação com as variáveis pesquisadas, como a receita gerada por cada funcionário, o salário, o grau de escolaridade etc.

d) *Amostragem por conglomerados*

Tipo de amostragem probabilística realizado em duas ou mais etapas. É geralmente utilizado quando o pesquisador não tem acesso a uma lista completa dos integrantes da população, mas sim aos subgrupos (chamados de conglomerados) dessa mesma população. Por exemplo: deseja-se pesquisar as características dos estudantes do ensino médio de escolas particulares na cidade de São Paulo. A lista desses estudantes não está disponível, mas, por outro lado, é possível obter uma lista das escolas particulares de ensino médio (conglomerados de estudantes). Em uma primeira etapa, são sorteadas cinco escolas para participar do estudo. Conseguindo-se a lista de alunos dessas escolas, são sorteados, então, cem estudantes de cada uma para compor a amostra final (segunda etapa da amostragem) – que leva o nome de amostra por conglomerados.

e) *Amostragem de múltiplos estágios*
Tipo de amostragem probabilística bastante sofisticado, no qual várias etapas são realizadas até que se obtenha a amostra final. Por exemplo: digamos que a amostra necessária seja composta por integrantes de uma determinada região – por exemplo, o estado de Minas Gerais. Em um primeiro estágio, será desenvolvida uma amostra de municípios na qual cada cidade possui uma determinada probabilidade, proporcional ao tamanho da sua população, de constar da amostra (até aqui, o procedimento é idêntico ao da amostragem por conglomerados). Assim, os municípios maiores, como Belo Horizonte, por exemplo, terão maiores chances de compor a amostra do que municípios menores. Em um segundo estágio, obtém-se uma amostra por conglomerados dos bairros ou distritos de cada município. No terceiro estágio, seleciona-se uma amostragem sistemática das residências desses bairros e, finalmente, no quarto estágio, uma amostra aleatória simples de indivíduos é obtida a partir da amostra anterior.

Tipos de Amostragens Não Probabilísticas

a) *Amostragem bola de neve* (snowball)
Nesse tipo de amostragem não probabilística, um sujeito (selecionado de forma intencional ou de acordo com a conveniência do pesquisador) indica outro sujeito para integrar a amostra. A amostragem bola de neve pode ser utilizada quando se tratar de uma população altamente especializada e de pequeno número de integrantes. Por exemplo: os sujeitos potenciais são médicos-cirurgiões especializados em um determinado tipo de procedimento técnico específico. O pesquisador começa por um sujeito, que indica um ou mais sujeitos para compor a amostra. Outra variação desse tipo de amostra ocorre quando os próprios sujeitos são solicitados a repassar um questionário (ou outro tipo de instrumento de pesquisa) para outros, que eles próprios indicaram, como no caso das pesquisas pela internet, utilizando-se, por exemplo, as redes sociais e comunidades virtuais como elementos de propagação da solicitação para a participação na pesquisa.

b) *Amostragem por conveniência*
Tipo de amostragem que envolve a escolha de participantes em função de sua disponibilidade para participar do estudo. Os sujeitos são selecionados pela conveniência do pesquisador. Este é o caso, por exemplo, quando um aluno resolve entrevistar seus colegas de universidade, ou quando são feitas entrevistas na saída de um shopping (os sujeitos são escolhidos por terem feito compras ou passeado no referido shopping). Trata-se de uma forma de amostragem bastante utilizada, principalmente em função de sua praticidade; todavia, o possível viés que ocorre na seleção dos participantes reduz as possibilidades de generalização da pesquisa, na medida em que a amostra escolhida possivelmente não representa acuradamente a população estudada.

c) *Amostragem por julgamento*
Trata-se de uma variação do tipo anterior (amostragem por conveniência). O pesquisador escolhe os sujeitos de forma intencional, acreditando que são representativos de uma dada população, quando, por exemplo, deseja-se fazer uma pesquisa avaliando-se a opinião de especialistas em determinado tema, que são escolhidos porque o pesquisador julga que são os sujeitos mais significativos em determinado campo (a visão dos advogados tributaristas sobre determinado imposto ou a visão dos neurologistas sobre determinada doença cerebral). É também a forma de amostragem utilizada nos estudos de caso (o pesquisador escolhe o "caso" porque lhe foi conveniente).

c) *Amostragem por quotas*
Ocorre quando, em uma amostragem por conveniência, deseja-se respeitar a proporcionalidade de determinados extratos populacionais na composição da amostra. Imagine, por exemplo, um estudante que resolva entrevistar colegas de universidade, porém, sabendo que naquela escola 70% dos alunos são do sexo feminino e 30% do sexo masculino, ao escolher seus sujeitos procurará respeitar essa proporcionalidade em sua amostra (procedimento parecido com o da amostragem probabilística estratificada).

136 METODOLOGIA DA CIÊNCIA

Conceitos-Chave do Capítulo

População

Amostragem
  não probabilística
Amostragem sistemática
Amostragem bola de neve

Amostra

Amostragem
  aleatória simples
Amostragem
  por conglomerados

Amostragem probabilística
Amostragem estratificada
Amostragem de múltiplos
  estágios
Amostragem por conveniência
Amostragem por quotas

Leitura Complementar Recomendada

MALHOTRA, N. K. et al. *Introdução à pesquisa de marketing*. São Paulo: Prentice Hall, 2005.

A questão da amostragem é amplamente estudada nessa obra, já que se trata de um tópico extremamente sensível nas pesquisas de marketing em geral. Os diferentes tipos de amostragem são abordados no Capítulo 12, e detalhes acerca da determinação dos tamanhos amostrais podem ser encontrados no Capítulo 13. Outra característica positiva desse livro é a farta presença de exemplos de pesquisas reais, que podem auxiliar o consulente a compreender melhor as possibilidades de amostragens desenvolvidas neste capítulo.

Coleta e Tabulação de Dados Quantitativos 12

Este capítulo aborda dois assuntos muito importantes para a metodologia científica: os instrumentos de pesquisa e a organização dos dados depois que esses instrumentos são aplicados, voltando às mãos do pesquisador. Os dois tópicos estão ligados porque, ao elaborar um instrumento de pesquisa, é essencial que o pesquisador já preveja como os dados coletados podem ser tabulados (ou seja, dispostos em tabelas ou planilhas) para análise posterior.

Instrumentos de Pesquisa

Existem infinitas formas de coletar dados de pesquisa – e isso ocorre porque há inúmeras possibilidades quanto aos próprios instrumentos de pesquisa. De maneira geral, podemos definir o termo "instrumento de pesquisa" como um procedimento, método ou dispositivo (aparelho) que tenha por finalidade extrair informações de uma determinada realidade, fenômeno ou sujeito de pesquisa.

Dessa forma, uma entrevista, um microscópio, um teste de inteligência ou mesmo a simples observação podem ser considerados exemplos de instrumentos de pesquisa. Evidentemente que, nas ciências humanas, os três tipos de instrumentos mais comuns são as entrevistas, os questionários e a observação direta dos fenômenos – motivo pelo qual abordamos essas três possibilidades com mais detalhes, dando especial atenção aos questionários, por serem

138 METODOLOGIA DA CIÊNCIA

provavelmente a forma predominante de coleta nas ciências humanas, além de terem igualmente grande relevância na área da saúde.

Entrevistas

Uma entrevista é um procedimento de coleta de dados que envolve o encontro de duas pessoas – entrevistador e entrevistado. Trata-se de um procedimento relativamente comum nas investigações sociais, podendo ser realizado face a face ou à distância (telefone, *chat* etc.). Basicamente, há três grandes tipos de entrevistas: as *entrevista estruturadas* (o pesquisador segue um roteiro de perguntas previamente estipuladas, não estando livre para adaptá-las ou mesmo coletar informações não solicitadas), as *semiestruturadas* (há um roteiro previamente estabelecido, mas também há um espaço para a elucidação de elementos que surjam de forma imprevista ou informações espontâneas dadas pelo entrevistado) e as *não estruturadas* (não há roteiro preestabelecido, sendo que o entrevistador tem a liberdade de explorar o tema em um contexto de conversação informal).

Uma questão importante a ressaltar, no que se refere às entrevistas, é a sua grande dependência das habilidades relacionais e de comunicação do entrevistador, de forma que entrevistas não estruturadas devem ser realizadas apenas por pesquisadores experientes, pois demandam competência técnica, "presença de espírito" e vasto conhecimento do problema de pesquisa, bem como das variáveis envolvidas no trabalho. Cabe ressaltar também o baixo grau de precisão e fidedignidade desse tipo de instrumento, quando se pretende realizar uma investigação de caráter predominantemente quantitativo.

Observação

A técnica da observação é uma das mais utilizadas nas áreas de antropologia, psicologia, etologia (estudo do comportamento animal), marketing, entre outras. Trata-se de entrar em contato diretamente com o fenômeno estudado, utilizando-se, para isso, os órgãos dos sentidos como ferramentas essenciais para a exploração de uma determinada realidade. Imaginemos, por exemplo, uma investigação na qual os pesquisadores observam e registram o comportamento dos consumidores em supermercados: que produtos analisam, quanto tempo demoram em cada gôndola, se leem ou não as especificações dos produtos etc. Em outra pesquisa, biólogos podem estar interessados em analisar os padrões de interação e de acasalamento entre chimpanzés em situação de confinamento e, para isso, observam e registram o dia a dia desses animais durante certo período de tempo.

Há diversas modalidades de observação. Contudo, de maneira geral, podemos classificá-las de acordo com os seguintes critérios:

a) Segundo os meios utilizados na observação:
  - *diretos*: a observação é realizada diretamente, enquanto o fenômeno ocorre;
  - *indiretos*: a observação é realizada por meio de dispositivos eletrônicos (gravadores, câmeras de circuito fechado, filmadoras etc.) e pode ser feita em tempo real – caso em que é denominada *síncrona* – ou, alternativamente, os registros da observação podem ser analisados posteriormente – e, nesse caso, a observação leva o nome de *assíncrona*.

b) Segundo o método utilizado na observação:
  - *observação sistemática*: trata-se do registro quantitativo cuidadoso de comportamentos específicos, escolhidos de antemão pelo pesquisador;
  - *observação assistemática*: todos os comportamentos dos sujeitos são registrados, uma vez que não se sabe previamente quais características comportamentais são ou não relevantes para o estudo em questão.

c) Segundo a participação do observador:
  - *observação participante*: é aquela na qual o pesquisador, enquanto observa e registra, interage com os sujeitos observados. Essa modalidade de observação possibilita ao pesquisador experienciar os eventos "por dentro", como se fosse um dos sujeitos;
  - *observação não participante*: o pesquisador não interage com os sujeitos observados. Nessa modalidade, ainda há duas possibilidades: na primeira, o pesquisador pode estar totalmente oculto e os sujeitos ignorarem a observação – nesse caso, denominada oculta (ou "não obtrusiva") – ou, alternativamente, o pesquisador deixa-se perceber aos observados, porém se comporta como um ente externo à situação observada, caso em que a observação leva o nome de não oculta.

d) Segundo o contexto da observação:
  - *observação naturalística*: ocorre no ambiente natural do sujeito (campo), de forma não controlada;
  - *observação laboratorial*: ocorre em ambientes controlados (laboratório).

Questionários

O *questionário* é um documento contendo uma série ordenada de perguntas que devem ser respondidas pelos sujeitos por escrito, geralmente sem a presença do pesquisador. Podem ser entregues pessoalmente ou por fax, correio, e-mail – ou mesmo assumir a forma de uma página na internet, na qual os sujeitos podem preencher as informações solicitadas, que são, então, recolhidas a uma base de dados especialmente projetada para essa finalidade.

Acerca desse tópico em especial, Hill e Hill (2002, p. 83) fazem a seguinte observação: "É muito fácil elaborar um questionário, mas não é fácil elaborar um bom questionário" – afirmação que endossamos plenamente. Pesquisadores iniciantes, notadamente os graduandos das mais diferentes áreas, incorrem, com frequência, no erro de querer elaborar as perguntas de um questionário antes mesmo de terem alcançado o sexto passo para o desenvolvimento da pesquisa científica – ou mesmo de terem formulado corretamente o problema de pesquisa (ver Capítulo 6).

Por esse motivo, vamos analisar, passo a passo, as etapas necessárias para a elaboração de um "bom questionário" de pesquisa.

1º Passo: Reveja o problema e a(s) hipótese(s) da pesquisa.

Quando tudo estiver "confuso", sempre volte a esses aspectos básicos. Não é possível projetar nenhum instrumento de pesquisa, seja ele um questionário seja outro tipo qualquer, sem ter em mente, de forma clara e operacional, o problema e a(s) hipótese(s) que se deseja testar. Se a pesquisa em questão não contiver hipóteses, ao menos o problema deve estar perfeitamente claro para o pesquisador.

2º Passo: Arrole as informações que deseja coletar.

Faça uma lista com todos os dados e informações necessários para a pesquisa. Nessa lista, devem estar incluídas as informações demográficas de praxe da área, assim como os dados específicos da pesquisa em questão.

3º Passo: Formule as perguntas, com base na lista de informações do item anterior.

De posse das informações que deseja obter, formule as perguntas do questionário. Esse item é discutido com mais detalhes na sequência.

COLETA E TABULAÇÃO DE DADOS QUANTITATIVOS 141

4º Passo: Ordene as perguntas do questionário.

Considere os seguintes pontos: a) coloque, em primeiro lugar, as perguntas relacionadas às informações demográficas e depois as relativas ao problema e à(s) hipótese(s) da pesquisa; b) lembre-se de que as perguntas de abertura são fundamentais, pois tendem a eliciar a cooperação do respondente. Por isso, prefira sempre perguntas iniciais de fácil compreensão, interessantes e não intimidadoras; c) tome especial cuidado com perguntas encadeadas que possam influenciar de alguma forma as respostas subsequentes: comece sempre com perguntas gerais e, em seguida, avance para as perguntas específicas.

5º Passo: Cuide dos aspectos visuais do questionário.

A estética de um questionário é fundamental. Por isso, cuide para que o tipo de letra seja legível e de leitura agradável (sugestão universal: Times New Roman ou Arial, de tamanho 12 ou 14). Coloque palavras e expressões importantes em *negrito*. Considere a formatação geral dos parágrafos: recomenda-se, sempre que possível, o uso do alinhamento *justificado*. Dê um espaçamento entre as perguntas, não se esquecendo de pautar o espaço para as respostas às questões abertas. Preste especial atenção ao excesso de informações nas páginas, para evitar a poluição visual do questionário.

6º Passo: Faça um ou mais pré-testes do questionário.

Se, depois de todos esses passos, você acreditar que fez um bom questionário, lembre-se: todos nós cometemos erros. Por isso, é fundamental aplicar um *pré-teste*. Selecione de três a cinco sujeitos (que *não* participarão da coleta real de dados) e peça-lhes que preencham o seu questionário. Verifique, então, as críticas recebidas, reservando cuidados especiais ao uso correto da língua portuguesa e às dificuldades de compreensão causadas por uma formulação confusa das perguntas do questionário. Faça tantos pré-testes quantos forem necessários, para garantir a boa qualidade do instrumento.

As Perguntas de um Questionário

Vamos agora detalhar um pouco melhor o terceiro passo mencionado anteriormente. Para isso, consideremos a existência de dois grandes grupos de perguntas: abertas e fechadas. As *perguntas abertas* são aquelas nas quais o respondente pode escrever livremente (dentro, é claro, de um espaço pautado), enquanto as *perguntas fechadas* oferecem algumas opções restritas de respostas possíveis. Os dois tipos são válidos em questionários, embora se deva considerar que as perguntas fechadas permitem uma codificação posterior muito mais simples. As perguntas abertas demandam uma etapa de categorização das respostas antes de se proceder a uma codificação, o que implica maior complexidade de análise e, portanto, maior gasto de tempo e recursos. Por outro lado, quando bem formuladas, as questões abertas podem propiciar mais qualidade (riqueza) das respostas.

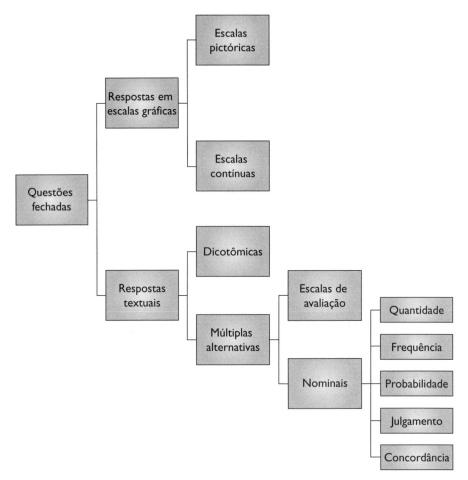

FIGURA 12.1 Visão geral das principais modalidades de questões fechadas

No que se refere especificamente às perguntas fechadas, devemos atentar para a existência de diversas modalidades à disposição do pesquisador. Normalmente, esse assunto costuma ser tratado no âmbito das chamadas "escalas de avaliação" (ou escalas de atitudes), que podem ser classificadas em inúmeros tipos (ver APPOLINÁRIO, 2004, para uma apreciação detalhada de cada tipo de escala de atitude). Todavia, nesta obra, adotamos um modelo de análise um tanto diferente – justamente para facilitar a vida do pesquisador iniciante que deseja ter uma visão geral das possibilidades relacionadas às questões fechadas em um questionário. A Figura 12.1 nos oferece uma apreciação global de algumas das principais possibilidades para a formulação de perguntas.

a) Respostas em escalas gráficas

Escalas contínuas
Nesse tipo de escala, o respondente assinala com uma marca ao longo de uma linha contínua que tem dois critérios extremos. Por exemplo:

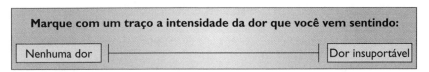

FIGURA 12.2   Exemplo de escala contínua

Normalmente, a apuração desse tipo de escala é feita medindo-se fisicamente, com o auxílio de uma régua, a distância da marca que o respondente fez em relação ao início da linha, registrando-se o resultado em centímetros ou milímetros. Em razão da dificuldade na apuração dos resultados, esse tipo de escala tem sua aplicação dificultada quando há um número muito grande de sujeitos na amostra.

Escalas pictóricas
Trata-se de um tipo de escala no qual os itens são representados por figuras, muito utilizado na área de marketing. Por exemplo:

FIGURA 12.3   Exemplo de escala pictórica

b) Respostas textuais

Dicotômicas
São perguntas fechadas, que oferecem apenas duas possibilidades de respostas, do tipo "sim/não", "concordo/não concordo", "masculino/feminino" etc.

Múltiplas alternativas
Aqui temos duas grandes possibilidades: as respostas nominais (os itens da resposta não têm relação de ordinalidade uns com os outros) e as respostas que utilizam as escalas de avaliação.

Exemplo de pergunta fechada com múltiplas alternativas nominais:

Qual sua principal atividade de lazer aos fins de semana?
( ) Cinema
( ) Teatro
( ) Bares e restaurantes
( ) Ficar em casa
( ) Outra. Qual? _____

Exemplos de respostas a perguntas fechadas, utilizando escalas de avaliação:

Respostas sobre quantidade:

Muito pouco	Pouco	Médio	Muito	Bastante
( )	( )	( )	( )	( )

Respostas sobre frequência:

Nunca	Raramente	Às vezes	Frequentemente	Sempre
( )	( )	( )	( )	( )

Respostas sobre probabilidades:

Impossível	Pouco provável	Provável	Muito provável	Certo
( )	( )	( )	( )	( )

Respostas que pedem um julgamento:

Péssimo	Ruim	Razoável	Bom	Excelente
( )	( )	( )	( )	( )

Respostas que pedem grau de concordância[1]:

Discordo totalmente	Discordo	Não concordo nem discordo	Concordo	Concordo totalmente
( )	( )	( )	( )	( )

Observe a estreita relação entre tudo que foi analisado aqui acerca dos questionários e o Capítulo 9 (variáveis e níveis de mensuração). Lembre-se de que toda pergunta em um questionário dará origem a uma variável de pesquisa (embora também possamos imaginar que são as variáveis predefinidas em uma pesquisa que darão origem às perguntas de um questionário). Quando pensamos em questões fechadas de múltiplas alternativas utilizando escalas de avaliação, por exemplo, necessariamente ligamos esse tipo de questão a uma variável com nível de mensuração ordinal, da mesma forma que uma questão de múltiplas alternativas nominais estará ligada a uma variável nominal, e assim por diante.

Isso nos conduz naturalmente ao segundo grande tópico a ser abordado neste capítulo, ou seja, como transformamos centenas de questionários preenchidos em uma planilha de dados.

Tabulação de Dados: Transformando a Coleta em Planilhas

Suponha que já tenhamos desenvolvido e testado o instrumento de pesquisa – por exemplo, um questionário – e que ele já tenha sido devolvido devidamente preenchido pelos sujeitos. A questão que se coloca agora é: como transformamos esse material todo em uma única planilha que servirá de base para as análises estatísticas?

O primeiro passo é criar um questionário especial, contendo a codificação para cada categoria de resposta de cada uma das suas perguntas, ou seja, atribuir valores numéricos para cada possibilidade de resposta das questões fechadas. Por exemplo:

---

[1] Esse tipo de escala também é conhecido pelo nome de escala de Likert.

146   METODOLOGIA DA CIÊNCIA

1) Qual seu sexo?   (1) Masculino   (2) Feminino

2) Qual seu grau de escolaridade?   (1) Fundamental incompleto
(2) Fundamental completo
(3) Médio incompleto
(4) Médio completo
(5) Superior incompleto
(6) Superior completo

3) Com que frequência você vai ao médico?

Nunca	Raramente	Às vezes	Frequentemente	Sempre
(1)	(2)	(3)	(4)	(5)

Ao criarmos uma codificação, é muito importante lembrar que os códigos numéricos criados para as perguntas ligadas às variáveis ordinais têm de estar em *ordem*, pois, de outra forma, o nível de mensuração da variável seria apenas nominal. Por exemplo, *jamais* codifique uma escala desta forma:

Nunca	Raramente	Às vezes	Frequentemente	Sempre
(4)	(1)	(3)	(5)	(2)

Quando há questões abertas, as categorias de respostas devem ser criadas a partir de uma análise qualitativa prévia, feita por meio da leitura atenta às respostas dadas por todos os sujeitos. Depois disso, utiliza-se o mesmo procedimento adotado para as questões fechadas. Por exemplo:

4) Quais características você mais valoriza quando adquire um automóvel?

Resposta do sujeito 1: "Para mim, o mais importante é o gasto de manutenção".

Resposta do sujeito 2: "Acho que o consumo de combustível, em primeiro lugar".

Resposta do sujeito 3: "A beleza do carro".

Resposta do sujeito 4: "Não sei. Nunca comprei um carro".

Resposta do sujeito n: "Quero saber quanto custa para consertar quando quebra"...

Categorias: (1) Gastos de manutenção
(2) Consumo de combustível
(3) Estética do modelo
(4) Não se aplica

Nesse caso, deve-se evitar a criação de um excesso de categorias, sendo sete um número de referência suficiente para a maioria dos casos.

Depois de feita essa codificação, podemos preparar a planilha que receberá os dados da tabulação. Para isso, é necessário escolhermos um software adequado para essa finalidade, como as planilhas eletrônicas do tipo Microsoft Excel e Lotus. Todavia, os softwares mais recomendados são os especificamente projetados para a finalidade de pesquisa e, nesse caso, recomenda-se o uso do SPSS (Statistical Package for the Social Sciences), BioStat (alternativa brasileira gratuita e de grande aplicabilidade) ou similar.

Qualquer que seja a escolha, entretanto, os dados devem ser dispostos da seguinte maneira: as variáveis representarão as colunas da planilha, e cada sujeito (ou cada questionário) será tabulado nas linhas. Veja o exemplo de ligação entre os questionários e a planilha de dados nas Figuras 12.4 e 12.5.

Uma vez tabulados, os dados quantitativos podem agora ser objeto das análises estatísticas pertinentes para cada caso particular de pesquisa.

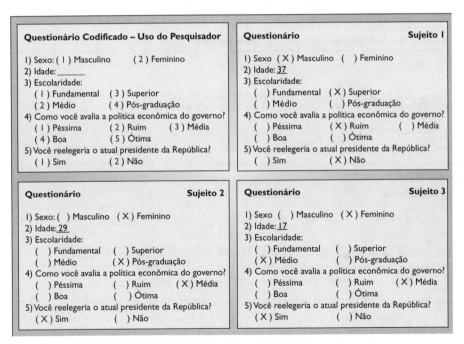

FIGURA 12.4 Exemplos de questionários preenchidos pelos sujeitos e codificados pelo pesquisador

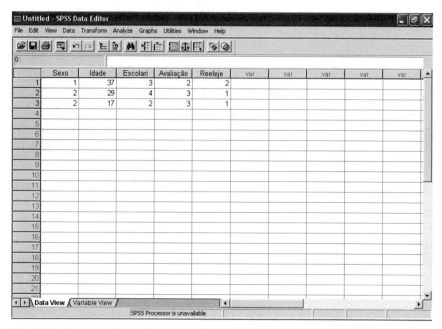

FIGURA 12.5   Exemplo de tabulação dos questionários

Conceitos-Chave do Capítulo

Entrevista estruturada
Observação direta
Observação assistemática
Observação naturalística
Pergunta aberta

Entrevista semiestruturada
Observação indireta
Observação não-participante
Observação laboratorial
Pergunta fechada

Entrevista não estruturada
Observação sistemática
Observação participante
Questionário

Leitura Complementar Recomendada

HILL, M. M.; HILL, A. *Investigação por questionário*. 2. ed. Lisboa: Sílabo, 2002.

Nessa obra excepcional, os autores exploram detalhadamente desde os estudos preliminares, visando à construção de questionários, até os meandros complexos de sua elaboração, incluindo uma discussão bastante extensiva acerca das escalas de medidas utilizadas para a mensuração e tabulação das respostas. Para complementar, incluíram também um excelente capítulo descrevendo as principais técnicas estatísticas para a análise de dados quantitativos, com exemplos completos para facilitar a compreensão do leitor.

Introdução à Análise Quantitativa de Dados

13

Certamente, não se pode acreditar que seja possível descrever, mesmo que de forma extremamente sucinta, todas as possibilidades de análises estatísticas aplicáveis em cada caso de pesquisa em um único capítulo deste livro. Para isso, seriam necessários livros inteiros dedicados a esse tema – dessa maneira, pedimos que você observe, ao final do capítulo, as recomendações bibliográficas aplicáveis.

A proposta aqui é fornecer uma brevíssima visão geral, para que o pesquisador iniciante não corra o risco de se perder em meio ao volume generoso de informações frequentemente disponíveis nos livros de estatística.

Muito embora alguns estatísticos não apreciem muito a nomenclatura que utilizamos a seguir, ela é bastante útil ao pesquisador que necessita da estatística apenas como ferramenta para a obtenção de subsídios para as conclusões de sua pesquisa. Sendo assim, há duas dimensões muito importantes a serem consideradas na metodologia científica: o objetivo que se deseja alcançar com a estatística e o tipo de técnica a ser utilizada.

Podemos utilizar a estatística para duas finalidades básicas: *descrever dados* e *testar hipóteses*. Quando queremos apenas descrever dados, utilizaremos a *estatística descritiva* (tanto nas pesquisas descritivas como nas experimentais) e, para testar hipóteses, a *estatística inferencial* (apenas nas pesquisas experimentais). Além disso, devemos levar em consideração os tipos de dados (níveis de mensuração das variáveis e tipo de distribuição dos dados) com os

150 METODOLOGIA DA CIÊNCIA

quais estamos trabalhando, para então nos decidirmos pela utilização das técnicas da *estatística paramétrica* ou da *estatística não paramétrica*.

Acreditamos que, se o leitor compreender razoavelmente como se articulam essas duas dimensões (com essas quatro possibilidades combinadas), terá em mãos um mapa que lhe permitirá navegar melhor pelos mares, nem sempre pacíficos, da estatística.

Estatística Descritiva

Representa o conjunto de técnicas que têm por finalidade descrever, resumir, totalizar e apresentar graficamente dados de pesquisa. Nesse sentido, toda pesquisa de caráter preponderantemente quantitativo (seja ela descritiva ou experimental, com quaisquer delineamentos) fará uso dessa modalidade da estatística. Fazem parte dessa modalidade as *distribuições de frequência*, as *medidas de tendência central*, as *medidas de dispersão*, as *correlações* e as *representações gráficas* das distribuições de frequência.

a) *Distribuições de frequência*

Trata-se de uma técnica que permite a organização e visualização dos dados de acordo com a ocorrência de diferentes resultados observados. Uma distribuição de frequências pode ser construída na forma de uma tabela que indica basicamente o número de ocorrências de um determinado dado ou valor em uma variável. Tomemos, por exemplo, a variável derivada da seguinte pergunta em um questionário: "Como você avalia as reportagens do jornal *XYZ*?" O Quadro 13.1 ilustra a distribuição de frequências obtida por meio da tabulação dos dados. Na coluna intitulada "Frequência (f)", podem ser observadas as quantidades brutas de respondentes em cada categoria (somando um total de 200 sujeitos pesquisados) e, na coluna "Frequência relativa (%)", temos a representação percentual desses mesmos dados.

INTRODUÇÃO À ANÁLISE QUANTITATIVA DE DADOS   151

Quadro 13.1   Exemplo de distribuição de frequências

Avaliação	Frequência (f)	Frequência relativa (%)	Frequência acumulada (%)
Excelente	20	10	10
Bom	34	17	27
Razoável	110	55	82
Ruim	24	12	94
Péssimo	12	6	100
Total	200	100	—

b) *Medidas de tendência central*

São valores típicos ou representativos em uma distribuição de dados. As medidas de tendência central mais utilizadas são a *média*, a *mediana* e a *moda*. A média ($\bar{x}$) é o resultado da soma de um conjunto de valores dividido pelo número de valores presentes no referido conjunto. Normalmente, quando nos referimos à média de uma amostra, utilizamos o símbolo $\bar{x}$, e, para a média da população, o símbolo μ (letra minúscula grega mu), podendo ser calculada de acordo com as seguintes fórmulas:

$$\bar{x} = \frac{\sum x}{n} \qquad \mu = \frac{\sum x}{N}$$

onde: x representa cada valor individual da distribuição;

n representa o número de valores da amostra;

N representa o número de valores da população.

A mediana, por outro lado, é uma medida de tendência central que representa o valor do meio de uma distribuição de dados, quando dispomos os valores em ordem crescente (ou decrescente). Por exemplo: considere o seguinte conjunto de valores: 5; 7; 15; 10; 22. Colocando-os em ordem crescente, eles ficariam nesta sequência: 5; 7; 10; 15; 22. A mediana ($\tilde{x}$) representa o $(n + 1)/2$--ésimo valor central ordenado, isto é, 10 (terceiro valor ordenado). Quando o número de valores da distribuição é um número ímpar, a mediana será exatamente o valor do meio da lista. Por outro lado, quando o número de valores for par, a mediana representará a média dos dois valores do meio. Exemplo: conjunto de valores: 5; 7; 10; 12; 15; 22. Nesse caso, a mediana será a média entre 10 e 12, isto é, 11.

152 METODOLOGIA DA CIÊNCIA

A moda, finalmente, representa o valor mais frequente em uma distribuição de dados. Por exemplo: considere o seguinte conjunto de valores: 3; 7; 15; 7; 9; 24; 14. A moda (normalmente identificada como M) dessa distribuição é 7, pois é o valor que mais aparece na distribuição. O Quadro 13.2 fornece um exemplo para o cálculo das três medidas de tendência central da variável hipotética "idade".

Quadro 13.2 Exemplo de média, mediana e moda de uma variável

Sujeito	Idade
1	22
2	31
3	20
4	23
5	22
6	29
7	26
8	25
Média ($\bar{x}$)	24,75
Mediana ($\tilde{x}$)	24
Moda (M)	22

c) *Medidas de dispersão*

Quando observamos um conjunto de dados, verificamos que eles se distribuem ao redor de uma média. Quanto mais próximos dessa média os valores estiverem, mais homogênea será a amostra, ou seja, menor a dispersão dos dados. As duas principais medidas de dispersão de uma amostra são a *variância* e o *desvio-padrão*. Suponha, por exemplo, a existência de dois grupos, I e II, com três indivíduos cada. A variável que estamos estudando nesses dois grupos é a "idade". Como se pode observar, a média de idade dos dois grupos é 20 anos. Entretanto, os grupos I e II são muito diferentes. O grupo I tem pouca homogeneidade (grande dispersão), pois, apesar de a média ser 20, os valores da variável idade oscilam entre 15 e 25. No grupo II isso não ocorre, pois os três indivíduos têm a mesma idade (grande homogeneidade, dispersão baixa – ou, para sermos mais precisos, nula). O desvio-padrão (σ) e a variância (σ^2), que podem ser calculados de acordo com as fórmulas a seguir, representam medidas de dispersão que mostram o grau dessa homogeneidade.

$$\sigma = \sqrt{\frac{\sum(x - \bar{x})^2}{n - 1}} \qquad \sigma^2 = \sqrt{\frac{\sum(x - \bar{x})^2}{n - 1}}$$

onde: x = cada valor individual do conjunto de dados;

n = número de valores do conjunto de dados;

$\bar{x}$ = média dos valores do conjunto de dados.

No exemplo dos Quadros 13.3 e 13.4, temos que:

σ Grupo I = 4,08 $\qquad$ σ Grupo II = 0

σ^2 Grupo I = 16,66 $\qquad$ σ^2 Grupo II = 0

Quadros 13.3 e 13.4 Exemplos de dispersão de dados

Grupo I	
Sujeito	Idade
A	15
B	20
C	25
Média	20

Grupo II	
Sujeito	Idade
W	20
X	20
Y	20
Média	20

d) *Correlações*

Pode ser conveniente investigar a existência de relações entre as diversas variáveis de uma pesquisa. A técnica estatística apropriada para esse tipo de operação é genericamente denominada *correlação*. Há vários coeficientes de correlação disponíveis para uso em pesquisas, dependendo de cada situação. Mas vejamos o conceito geral, inerente a todos eles, por meio de um exemplo. Digamos que, em determinado estudo, estejamos interessados em verificar as correlações entre certas variáveis econômicas, como mostradas no Quadro 13.5:

154 METODOLOGIA DA CIÊNCIA

Quadro 13.5 Exemplo de variáveis a serem correlacionadas

Mês	Preço gasolina (R$/litro)	Consumo gasolina (milhares de litros/mês)	Consumo álcool (milhares de litros/mês)	Taxa de juros (% ao ano)
1	2,20	500	500	13,75
2	2,22	498	501	13,75
3	2,24	497	503	12,69
4	2,24	497	504	13,76
5	2,27	493	507	13,42
6	2,30	490	512	13,88

Nesse exemplo didático, não é necessário fazer nenhum cálculo para percebermos facilmente que as variáveis "preço gasolina" e "consumo gasolina" encontram-se correlacionadas inversamente (quando os valores de uma aumentam, os da outra diminuem), ao passo que as variáveis "preço gasolina" e "consumo álcool" parecem estar correlacionadas positivamente (quando os valores de uma aumentam, os da outra também aumentam, e vice-versa). Finalmente, a variável "taxa de juros" parece não ter correlação com nenhuma das outras variáveis.

Todos os coeficientes de correlação variam entre $-1,00$ e $+1,00$. Sendo assim, podemos dizer que as correlações têm duas grandes propriedades: a *força* e a *direção*. Quanto à força, uma correlação pode ser muito forte, forte, moderada, fraca e nula; quanto à direção, uma correlação pode ser positiva ou negativa (ou inversa). Podemos utilizar o Quadro 13.6 como uma referência geral para a interpretação das correlações.

Quadro 13.6 Valores de referência para a interpretação da força de uma correlação

Valores da correlação	Força (interpretação)
0,00	Nula
0,01 – 0,10	Muito fraca
0,11 – 0,30	Fraca
0,31 – 0,59	Moderada
0,60 – 0,80	Forte
0,81 – 0,99	Muito forte
1,00	Absoluta

INTRODUÇÃO À ANÁLISE QUANTITATIVA DE DADOS **155**

Se calcularmos os valores exatos de algumas das correlações do exemplo mostrado no Quadro 13.7, teremos os seguintes resultados e interpretações:

Quadro 13.7   Algumas correlações e suas interpretações*

Correlação (r)	Interpretação
r (preço gasolina, consumo gasolina) = −0,99	Correlação negativa muito forte entre as variáveis "preço gasolina" e "consumo gasolina"
r (preço gasolina, consumo álcool) = 0,98	Correlação positiva muito forte entre as variáveis "preço gasolina" e "consumo álcool"
r (preço gasolina, taxa de juros) = 0,05	Correlação positiva muito fraca ou quase nula entre as variáveis "preço gasolina" e "taxa de juros"
r (consumo álcool, taxa de juros) = 0,17	Correlação positiva fraca entre as variáveis "consumo álcool" e "taxa de juros"

*Observação: os cálculos utilizados neste exemplo tomaram por base o coeficiente de correlação produto-momento de Pearson, representado pela letra minúscula "*r*".

Uma consideração importante a ser feita diz respeito ao fato de que geralmente não lidamos com correlações populacionais, mas com correlações feitas a partir dos dados de uma amostra de sujeitos. Sendo assim, os valores obtidos estão sujeitos a certa margem de erro, denominada *nível de significância* (normalmente representado pela letra minúscula *p*), que costuma ser calculado pelos softwares estatísticos e apresentado com o cálculo estatístico principal, solicitado pelo pesquisador.

Assim, quando dizemos que $r_{a,b} = 0,98$, devemos prestar atenção também ao valor de *p*, de acordo com certos parâmetros aceitáveis para o tipo de pesquisa que estamos realizando. Por exemplo: em ciências humanas, uma margem de erro aceitável é de até 5% ($p \leq 0,05$). Em outras áreas, a margem de erro das pesquisas deve ser ainda menor (por exemplo, $p \leq 0,01$ ou 1% de margem de erro).

Normalmente, a maioria das técnicas estatísticas inferenciais, assim como as correlações, vem acompanhada por determinado valor *p*, em frases do tipo: "Observou-se uma moderada correlação negativa entre as variáveis pesquisadas ($r = -0,48$; $p \leq 0,05$), o que nos conduz à conclusão de que...".

Finalmente, cabe discutir a questão de qual coeficiente de correlação utilizar em cada caso. Como regra, podemos pensar nas seguintes possibilidades:

Quadro 13.8 Regras para a utilização dos diferentes coeficientes de correlação

	Nominal	Ordinal	Intervalar/Racional
Nominal	Phi ou McNemar**	Phi	Eta
Ordinal	Phi	Kendall-b ou Spearman	Spearman
Intervalar/Racional	Eta	Spearman	Pearson

**Observação: quando as duas variáveis nominais forem dicotômicas, deve-se utilizar o coeficiente McNemar em vez do coeficiente Phi.

Assim, se desejamos correlacionar duas variáveis racionais ou intervalares entre si, podemos utilizar o coeficiente de Pearson; se uma das variáveis for nominal e a outra ordinal, podemos utilizar o coeficiente Phi, e assim por diante.

e) *Representações gráficas*

Nas pesquisas em geral, principalmente na seção *Resultados*, pode ser útil algum tipo de representação gráfica para facilitar a visualização de determinado aspecto que desejamos demonstrar. Assim, é muito comum que lancemos mão de gráficos, como os de setor e de barras, histogramas, polígonos de frequência, pictogramas, diagramas de pareto, diagramas de caixas e uma infinidade de outras possibilidades, algumas das quais exemplificadas a seguir:

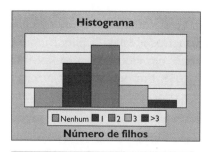
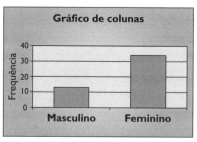

Figura 13.1 Alguns exemplos de representações gráficas de dados

Estatística Inferencial

Diferentemente da estatística descritiva, que apenas descreve dados, a estatística inferencial nos fornece ferramentas que permitem testar se uma hipótese é verdadeira ou falsa. O conceito fundamental aqui é justamente este: hipótese estatística. Em estatística, temos basicamente dois tipos de hipóteses: a nula (H_0) e a alternativa (H_1). Elas servem para nos auxiliar a determinar se, por exemplo, a média dos resultados de dois grupos é ou não equivalente.

Digamos, por exemplo, que determinada pesquisa tenha por finalidade investigar se o uso de técnicas mnemônicas especiais influencia o rendimento nos estudos de adolescentes do ensino médio. Criam-se dois grupos de sujeitos: o primeiro (grupo experimental) aprende a utilizar essas técnicas em seus estudos, ao passo que o segundo (grupo controle) faz uso apenas dos métodos de estudo tradicionais. Ao final do semestre, ambos os grupos são submetidos às provas acadêmicas. Por fim, comparam-se as médias das notas dos sujeitos dos dois grupos, como exemplificado no Quadro 13.9:

Quadro 13.9 Comparação de médias entre grupos

Notas do grupo experimental	Notas do grupo controle
7,0	6,5
5,5	2,0
9,0	5,0
3,5	6,5
7,5	5,5
7,0	7,5
8,5	6,5
9,5	4,5
6,0	3,0
7,5	8,0
Média = 7,1	**Média = 5,5**
= 1,78	**= 1,91**

As médias obtidas pelos dois grupos são obviamente diferentes (7,1 para o grupo experimental e 5,5 para o grupo controle), levando-nos inicialmente a concluir que, de fato, as técnicas mnemônicas aumentam o rendimento dos alunos nas provas. Mas a questão aqui é outra: podemos supor que os resultados obtidos por essa *amostra* são generalizáveis para toda a *população* de onde os sujeitos foram extraídos? Na verdade, essa é precisamente a pergunta central de toda pesquisa experimental. Voltando ao tema do início de nosso raciocínio, podemos arrolar as seguintes hipóteses estatísticas para esta pesquisa em particular:

> H_0: a média populacional das notas do grupo experimental **é** igual à média populacional das notas do grupo controle.
>
> H_1: a média populacional das notas do grupo experimental **não é** igual à média populacional das notas do grupo controle.

Dizendo de outra forma: não basta saber que a média dos dois grupos é aritmeticamente diferente; é necessário saber se a diferença encontrada entre as médias é ou não *estatisticamente significante*. As hipóteses estatísticas nula (H_0) e alternativa (H_1) são invariavelmente formuladas desta forma: a primeira sempre afirma pela igualdade das médias populacionais, a segunda sempre afirma pela desigualdade das médias.

A estatística inferencial consiste, então, no conjunto de técnicas que tem por finalidade verificar se as hipóteses nulas devem ou não ser rejeitadas. E, nesse sentido, cumpre lembrar que existem inúmeras técnicas que devem ser aplicadas em cada caso específico, como o teste *t*, qui-quadrado, teste da mediana, análise de variância (teste *F*) etc., dependendo de uma série de parâmetros, como o nível de mensuração das variáveis, o número de variáveis VD e VI, o número de grupos de sujeitos, entre outros. O Quadro 13.10 exemplifica algumas dessas possibilidades.

Para uma descrição detalhada de cada uma dessas técnicas e do método a adotar para que possamos nos decidir por uma delas, recomendamos a leitura atenta de boas obras sobre estatística (por exemplo, LEVIN; FOX, 2004; SIEGEL, 1975).

INTRODUÇÃO À ANÁLISE QUANTITATIVA DE DADOS 159

Quadro 13.10 Exemplos de testes estatísticos e sua utilização

Número de VIs	Número de grupos de sujeitos	Nível de mensuração das variáveis	Teste estatístico
I	2	Nominal	Qui-quadrado
		Ordinal	Grupos independentes: teste U (Mann-Whitney); medidas repetidas ou sujeitos emparelhados: teste T (Wilcoxon)
		Intervalar/ Racional	Teste t
	Mais de 2	Nominal	Qui-quadrado
		Ordinal	Grupos independentes: teste H (Kruskal-Wallis); medidas repetidas: teste t (Friedman)
		Intervalar/ Racional	Análise de variância univariada
Mais de I	Qualquer	Nominal	Qui-quadrado
		Ordinal	—
		Intervalar/ Racional	Análise de variância de dois fatores

Fonte: Adaptado de COZBY, 2003.

Estatísticas Paramétricas *versus* Estatísticas Não Paramétricas

A última questão a ser abordada neste capítulo refere-se ao tipo de técnica estatística que podemos utilizar e, nesse sentido, há duas possibilidades básicas: o grupo de técnicas paramétricas e o grupo de técnicas não paramétricas. Mais uma vez, a escolha por um desses grupos dependerá do tipo de dado com o qual estamos trabalhando.

Basicamente, uma técnica paramétrica tem duas exigências fundamentais em relação aos dados analisados: a) dados com nível de mensuração no mínimo intervalar e b) dados distribuídos de acordo com os parâmetros da curva normal. O primeiro item já conhecemos (ver Capítulo 9), o segundo necessita de uma breve revisão de um dos conceitos mais importantes da estatística: a distribuição normal.

A curva normal é a representação gráfica de uma distribuição normal (também conhecida como distribuição *gaussiana*), e a sua grande característica reside no fato de suas propriedades serem bem conhecidas de antemão. Por exemplo, sabemos que a curva normal divide-se em duas metades idênticas (simetria bilateral) ao redor da média aritmética dos valores da distribuição, entre outras propriedades (ver Figura 13.2).

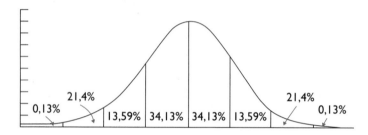

Figura 13.2 Distribuição normal

Então, se pudermos determinar que estamos lidando com variáveis que tenham nível de mensuração intervalar ou racional e distribuição pelo menos aproximadamente normal, devemos optar pelo uso da estatística paramétrica. Caso contrário, utilizaremos as técnicas da estatística não paramétrica.

Para determinar se uma dada variável possui distribuição normalizada, podemos utilizar o teste de aderência Kolmogorov-Smirnov (KS), que compara duas distribuições. Basta, então, compararmos a variável em questão com a distribuição normal e verificar o grau de verossimilhança entre as duas. Esse procedimento é bastante simples de realizar, por meio do uso de um software estatístico como o SPSS, por exemplo.

Dentre as técnicas estatísticas paramétricas mais utilizadas, podemos citar as correlações de Pearson e os testes de significância *t*, e a análise da variância. As técnicas não paramétricas mais conhecidas são as correlações de Spearman e Kendall, o teste do qui-quadrado e o teste da mediana.

INTRODUÇÃO À ANÁLISE QUANTITATIVA DE DADOS   161

Conceitos-Chave do Capítulo

Estatística descritiva	Estatística inferencial	Distribuição de frequência
Medida de tendência central	Média	Mediana
Moda	Medida de dispersão	Desvio-padrão
Variância	Correlação	Hipóteses estatísticas
Hipótese nula	Hipótese alternativa	Estatística paramétrica
Estatística não paramétrica		

Conceitos-Chave do Capítulo

LEVIN, J.; FOX, J. A. *Estatística para as ciências humanas.* 9. ed. São Paulo: Prentice Hall, 2004.

Voltamos aqui para a mesma recomendação dada no Capítulo 9: não basta ler um livro de estatística – é necessário que seja uma obra de estatística aplicada à pesquisa.

SIEGEL, S. *Estatística não-paramétrica para as ciências do comportamento.* São Paulo: McGraw-Hill, 1975.

Obra clássica voltada para as técnicas estatísticas não paramétricas e sua utilização em pesquisa.

Introdução à Análise Qualitativa de Dados

14

Resguardadas as considerações feitas acerca das diferenças fundamentais entre as ciências naturais e as sociais, bem como a questão dos paradigmas vigentes na ciência contemporânea (ver Capítulo 3), cabe ressaltar a inadequação no isolamento da análise dos dados do restante do processo de produção de uma pesquisa qualitativa. Diferentemente das pesquisas quantitativas, a abordagem qualitativa apresenta certos elementos – como a recursividade, por exemplo – que implicam o fato de a análise poder se iniciar até mesmo ao longo da fase de coleta dos dados.

Além disso, temos ainda a questão da validade externa: seriam os resultados das pesquisas qualitativas generalizáveis? Embora alguns autores façam uma distinção entre *generalização estatística* (os resultados da amostra podem ser generalizados para a população de onde ela foi extraída) e *generalização lógica* (os resultados podem ser transpostos para uma parcela mais ou menos definida da população que tenha fortes semelhanças com os sujeitos da amostra) (MOREIRA, 2002), o fato é que a pesquisa qualitativa não busca a generalização. Assim, a análise dos dados terá por objetivo simplesmente compreender um fenômeno em seu sentido mais intenso, em vez de produzir inferências que possam levar à constituição de leis gerais ou a extrapolações que permitam fazer previsões válidas sobre a realidade futura.

164 METODOLOGIA DA CIÊNCIA

O processo de coleta de dados em uma pesquisa qualitativa pode envolver diversas técnicas, como a observação (e suas diversas modalidades, apresentadas no Capítulo 12), entrevistas (BREAKWELL, 2000), discussões em grupos focais (MILLWARD, 2000; ROMERO, 2000), uso de fotografias e filmes (FLICK, 2004), entre outras. Todavia, qualquer que seja o processo de coleta, o fato é que, em geral, as pesquisas qualitativas geram enorme quantidade de informações que precisam ser organizadas.

A ideia básica aqui é identificar categorias, padrões e relações entre os dados coletados, de forma a desvendar seu significado por meio da interpretação e da comparação dos resultados com outras pesquisas e referenciais teóricos. Tesch (1990) identificou alguns princípios úteis que devem ser considerados quando realizamos uma análise qualitativa de dados:

a) a análise pode ocorrer desde o momento da coleta de dados: ainda em campo, o pesquisador reflete sobre suas observações e impressões, o que pode influenciar inclusive etapas posteriores da coleta de dados;

b) o processo de análise é sistemático e compreensivo, mas não é rígido: diferentemente da análise quantitativa, não há testes de significância estatística que possam determinar que a análise chegou ao fim. Em pesquisas qualitativas, a análise chega ao fim com o surgimento de padrões e regularidades que possam ser objeto de atribuição de significados pelo pesquisador;

c) o processo de análise inicia-se com a leitura de todos os dados coletados de uma vez só; depois, procede-se à categorização dos dados em unidades menores, mais significativas;

d) o principal processo analítico utilizado é o da comparação, ou seja, o pesquisador utiliza a comparação para construir e refinar as categorias e descobrir padrões;

e) ao final, geralmente, o pesquisador examina as categorias e padrões descobertos em face de teorias e resultados de pesquisas anteriores.

Há diferentes formas de analisar dados em pesquisas qualitativas, dependendo das escolhas teórico-metodológicas feitas pelo pesquisador ainda na fase de concepção do projeto da pesquisa. Apenas para citar algumas possibilidades, temos o método da codificação teórica (GLASER; STRAUSS, 1967; STRAUSS; CORBIN, 1990), a análise de conteúdo (BARDIN, 1977; DELGADO; GUTIÉRRES, 1994; MAYRING, 2002), a análise do discurso (FIORIN, 2000; MINAYO, 2000), a fenomenologia e suas variações (FERREIRA, 1996; GIORGI, 1985; MOREIRA, 2002), entre outras.

Neste capítulo, à guisa de ilustração, abordaremos a análise de conteúdo, por ser uma das análises qualitativas mais tradicionalmente utilizadas em pesquisa (DELGADO; GUTIÉRRES, 1994), e o método fenomenológico, paradigma cada vez mais importante nas investigações do universo social e psicológico.

A Análise de Conteúdo

O procedimento de análise denominado "análise de conteúdo" tem por finalidade básica a busca do significado de materiais textuais, sejam eles artigos de revistas, prontuários de pacientes de um hospital ou a transcrição de entrevistas realizadas com sujeitos, individual ou coletivamente.

O produto final de uma análise desse tipo consiste na interpretação teórica das categorias que emergem do material pesquisado – muito embora essas categorias possam já ter sido definidas *a priori*, segundo alguma teoria da preferência do pesquisador. Para que essa interpretação seja feita, entretanto, é necessário conduzir um processo de redução do material original, até o ponto em que as categorias estejam claramente visíveis.

Para dados extraídos de entrevistas, Delgado e Gutiérres (1994) sugerem que se proceda à análise de conteúdo, de acordo com os seguintes passos:

a) organiza-se o texto destacando e numerando cada fala do(s) sujeito(s). Cada uma dessas falas recebe a designação "unidade de registro";

b) as unidades de registro devem ser analisadas e classificadas de acordo com o seu conteúdo e o resultado é denominado "unidade de contexto". Esse processo recebe o nome de "codificação dos dados";

c) a terceira etapa do processo consiste na categorização das unidades de registros, de acordo com uma análise semântica;

d) mapeando-se as inter-relações entre as diversas categorias, podem ser obtidos esquemas que revelam a articulação que servirá de base à interpretação teórica do material;

e) finalmente, procede-se à interpretação dos esquemas, comparando-os com os referenciais teóricos desejados ou mesmo produzindo-se uma nova teoria a partir dos esquemas obtidos.

Outro procedimento de análise de conteúdo um pouco diferente é o delineado por Mayring (2002), que consiste nas seguintes etapas:

166 METODOLOGIA DA CIÊNCIA

a) definição do material: selecionam-se as entrevistas ou partes delas que tenham relação e sejam especialmente relevantes para a solução do problema de pesquisa;

b) procede-se, então, a uma avaliação da situação de coleta de dados – incluindo-se, aí, as informações acerca de como o material foi obtido, quem participou da coleta, como foi realizado o registro do material etc.;

c) tomando por base determinado referencial teórico, o pesquisador deve refletir sobre que direcionamento a análise dos dados tomará, prestando especial atenção para não entrar em conflito com a formulação original do seu problema de pesquisa;

d) utilizando uma técnica analítica de sua escolha, o pesquisador procede à categorização dos dados em "unidades analíticas", que são finalmente interpretadas tendo em vista o problema de pesquisa e o referencial teórico adotado.

A técnica analítica a que se refere o último item dependerá dos objetivos almejados para a pesquisa, podendo variar desde uma simples técnica de redução e simplificação dos dados até uma técnica de análise de base gramatical. Vejamos, por exemplo, o Quadro 14.1, que ilustra um procedimento de redução do conteúdo textual para que se produzam as categorias a serem analisadas, em uma pesquisa acerca dos motivos que levam as pessoas a procurar um serviço religioso, na periferia de uma grande cidade.

Quadro 14.1 Exemplo hipotético de técnica de análise de conteúdo

Texto original (falas do sujeito)	Primeira redução (simplificação)	Segunda redução (categorias/temas)
"Eu decidi frequentar essa igreja quando minha vida tomou um rumo muito ruim: minha primeira mulher me deixou e logo depois fiquei desempregado." (sic)	Procura da igreja em função da separação e do desemprego	A crise como impulsionadora da procura pela igreja
"Lá, encontrei gente que tinha os mesmos problemas que eu. Pessoas simples que ouviam o que eu dizia e eu também ouvia o que elas tinham pra dizer." (sic)	Busca de conforto psicológico por meio do estabelecimento de novas relações sociais	Busca de novos vínculos sociais
"Eu me sentia muito deprimido. Aí, me sentia melhor quando conversava com os pastores – esperava que lá eles me dessem uma orientação, me dissessem o que eu devia fazer para parar de sofrer tanto e me livrar dos meus problemas. Ninguém gosta de sofrer, e eu não sou exceção." (sic)	Busca de orientação religiosa para a solução dos próprios problemas	Busca de heteromotivação

INTRODUÇÃO À ANÁLISE QUALITATIVA DE DADOS   167

Em pesquisa hipotética, deseja-se conduzir uma investigação qualitativa acerca dos símbolos e arquétipos-chave[1] utilizados na comunicação interna de uma grande empresa da área varejista. Para tanto, utilizam-se como material de análise os e-mails de trabalho que trafegam entre os diversos departamentos da empresa, com o intuito de se compreender melhor o universo simbólico e vocabular daquela cultura organizacional específica. Para a categorização, utiliza-se a teoria dos arquétipos junguianos (MARK; PEARSON, 2002). O Quadro 14.2 exemplifica o processo de análise de conteúdo dessa pesquisa.

Quadro 14.2   Outro exemplo de técnica de análise de conteúdo

Texto original (e-mails diversos)	Estilo da comunicação	Simbologia/ Metáforas predominantes*
"Infelizmente, o departamento de marketing ainda não aprontou o release para o lançamento da promoção natalina. Corremos o risco de perder a guerra na região metropolitana. Como bom soldado, espero que você execute o plano original, com ou sem o apoio logístico do mkt." (*sic*)	Formal Explícita	Metáfora militar; arquétipo predominante: "O Governante"
"Você viu o novo plano? É show de bola! Vamos pra cima que vai dar goleada." (*sic*)	Informal Explícita	Metáfora esportiva (futebol); arquétipo predominante: "O Inocente"
"Achei muito interessante, todavia acho que devemos refletir um pouco antes de tomar decisões que, teoricamente, poderiam trazer resultados inesperados. Lembre-se: devemos manter nossa independência..." (*sic*)	Formal Subtexto implícito: crítica velada ao projeto	Metáfora: não há; arquétipo predominante: "O Explorador"

(continua)

---

[1]   Para Jung (2002), os arquétipos são padrões ou imagens que ocorrem praticamente em todas as sociedades humanas como componentes de seus mitos e que aparecem, em decorrência disso, nas manifestações inconscientes individuais.

168 METODOLOGIA DA CIÊNCIA

Quadro 14.2 Outro exemplo de técnica de análise de conteúdo (continuação)

Texto original (e-mails diversos)	Estilo da comunicação	Simbologia/Metáforas predominantes*
"Acho que, se pudermos agir como um time, chegaremos mais rápido lá! Quero ajudar: o que posso fazer por vocês?" (*sic*)	Informal Explícita	Metáfora esportiva (indiferenciada); arquétipo predominante: "O Prestativo"
"Não dá pra esperar esse pessoal. Não sei vocês, mas meu departamento vai correr o risco: quando fura um pneu, a gente troca; não fica discutindo se chama o seguro ou se chama o borracheiro!" (*sic*)	Informal Subtexto implícito: "os outros são indecisos"	Metáfora: a empresa como "máquina", "conjunto de engrenagens"; arquétipo predominante: "O Herói"

*Baseando-se nas teorias de Carl G. Jung, Mark e Pearson (2002) defenderam a ideia da existência de 12 arquétipos fundamentais (por exemplo, Criador, Prestativo, Governante, Amante, Herói, Explorador etc.), cada um com características próprias e que apresentam uma certa função na vida das pessoas, das organizações e das marcas comerciais.

Como podemos observar, no primeiro exemplo (Quadro 14.1), as categorias não estão estabelecidas *a priori*, surgindo naturalmente a partir dos dados. Já no segundo exemplo (Quadro 14.2), busca-se enquadrar os dados em certas categorias preexistentes de uma teoria escolhida de antemão pelo pesquisador.

O Método Fenomenológico

Antes de explorarmos o método fenomenológico de análise de dados, é necessário e conveniente fazer uma breve explanação acerca dos contextos teórico e filosófico dos quais ele decorre.

O termo "fenomenologia", no sentido aqui exposto, nasceu das ideias do filósofo alemão Edmund Husserl (1859-1938) e refere-se ao exame da relação entre o mundo e os sentidos humanos que o experimentam. Husserl desenvolveu a ideia de uma espécie de "ciência primordial", uma forma de conhecer o mundo que prescindiria de quaisquer princípios anteriores. Assim, a fenomenologia retorna ao que é diretamente dado (o termo grego *phainomenon* significa "aquilo que se mostra a partir de si mesmo"): o conhecimento obtido por meio da intuição – que é o único verdadeiro e deve ser aceito da forma como se apresenta.

Dessa forma, para experimentarmos determinada realidade, torna-se necessário "colocar entre parênteses" todos os nossos pressupostos sobre ela, para que possamos captar a "essência" dos fenômenos. A essência representa o sentido verdadeiro de um fenômeno – aquilo que lhe é inerente e sem o qual deixa de ser o mesmo fenômeno.

Nosso contato com a realidade se dá por meio da consciência e, para Husserl, a consciência do ser humano e a própria realidade são partes interligadas de um todo. De fato, para ele, a tendência de considerarmos a consciência e a realidade dois entes separados tem levado os indivíduos a perderem a noção da própria experiência da realidade. Uma das características mais fundamentais dessa consciência é a intencionalidade com a qual ela é dirigida aos fenômenos.

Husserl diz, então, que *toda* consciência é consciência de *algo* – e, nesse sentido, ela é intencional. Reconhecer esse fato nos permite ter acesso ao processo que ele denomina "redução", ou seja, a capacidade de identificar a nossa intencionalidade e, assim, suspender todas as nossas crenças pessoais e teórico-científicas. Isso nos possibilita examinar todos os conteúdos presentes em nossa consciência, sem que entremos no mérito de eles serem ou não reais, mas, antes, aceitando-os e examinando-os como dados, pura e simplesmente.

Tendo suspendido nosso julgamento sobre as coisas, podemos ter acesso ao dado puro e, a partir daí, descrevê-lo tal como se apresenta – uma vez que consciência e realidade passam a ser uma coisa só.

Partindo dessas ideias básicas, começaram a surgir várias correntes diferentes da fenomenologia. Segundo Moreira (2002), atualmente há cinco tendências dominantes na fenomenologia: a *descritiva* (que se constitui no método originalmente proposto por Husserl), a *realista* (que enfatiza a busca por essências universais de vários temas e ações humanas), a *constitutiva* (voltada à filosofia das ciências naturais), a *existencial* (voltada à investigação de tópicos como o conflito, o desejo, a opressão e a morte) e a *hermenêutica*. Essas últimas duas formas de fenomenologia originaram-se dos trabalhos do filósofo alemão Martin Heidegger (1889-1976), um dos discípulos de Husserl.

Em sua obra mais conhecida, *Ser e tempo* (*Sein und Zeit*), Heidegger propôs a ideia de que a única existência da qual podemos ter consciência imediata é a nossa e, portanto, o modo de enfrentar o problema da existência é empreender uma análise fenomenológica daquilo que temos consciência quando temos consciência de nossa existência. Para ele, a existência humana é eminentemente interpretativa – ou seja, hermenêutica.

O método hermenêutico na fenomenologia consiste, portanto, na interpretação do sentido dos fenômenos. Uma interpretação que "é sempre um mover-se dentro de um círculo, em que se vai do todo, isto é, a globalidade do texto que se quer compreender, e o constante retorno deste todo às partes, onde se tem uma apreensão analítica, e vice-versa" (FERREIRA, 1996, p. 29).

Um Modelo de Análise Fenomenológica

Uma vez que grande parte dos trabalhos qualitativos utiliza alguma forma de entrevista como instrumento para a coleta de dados, é o material posteriormente transcrito que será objeto da análise do pesquisador. Diferentemente da análise de conteúdo, entretanto, que procede a uma categorização rigorosa do material, visando expor unidades de significado, a análise fenomenológica buscará uma compreensão das temáticas que emergem pelo contato da consciência do pesquisador com o texto analisado.

Nesse sentido, quem deseja efetivamente compreender um texto "tem de estar em princípio disposto a deixar-se dizer algo por ele. Uma consciência formada hermeneuticamente tem de mostrar-se receptiva desde o princípio para a alteridade do texto" (GADAMER, 1993 apud FERREIRA, 1996, p. 132). Ou seja, opostamente à pesquisa quantitativa, nessa modalidade de investigação não necessariamente se colherão bons resultados com a mera execução de certos passos bem-definidos de coleta e análise de dados: é imprescindível uma atitude fenomenológica *a priori*, que só pode ser alcançada pela leitura e compreensão de certos pressupostos filosóficos e epistemológicos, a partir dos quais o pesquisador se capacitará a conduzir um trabalho desse tipo.

Assim, não se objetiva fornecer aqui nenhuma receita pronta e de fácil aplicação para as pesquisas qualitativo-fenomenológicas, mas, antes, ilustrar um procedimento que meramente sirva de base para uma compreensão preliminar desse método. Feita essa ressalva, apreciamos a seguir uma das possibilidades para a análise de entrevistas e relatos, utilizando um método fenomenológico.

Momentos da Análise

Ante os dados coletados (transcrições das entrevistas e/ou relatos dos sujeitos), o pesquisador pode proceder recorrentemente aos seguintes momentos de reflexão fenomenológica:

INTRODUÇÃO À ANÁLISE QUALITATIVA DE DADOS 171

a) *Momento de Imersão*: consiste na leitura de todo o material, tantas vezes quantas forem necessárias, com a finalidade de criar uma familiarização com a linguagem própria dos sujeitos, bem como com os seus contextos vivenciais. É um momento de suspensão das próprias crenças e opiniões, com a aceitação acrítica de tudo quanto é proposto pelos relatos dos sujeitos.

b) *Momento de Discriminação*: consiste na divisão do material em unidades de significado, de acordo com algum critério relevante para as concepções teóricas do pesquisador. Por exemplo: tratando-se de uma pesquisa sociológica, o pesquisador fará essa discriminação de acordo com os critérios propostos pela sociologia, e assim por diante. Para que ocorra a percepção dessas unidades de significado, é necessário que o pesquisador proceda a uma leitura intencional, na qual assuma uma atitude condizente com sua formação científica de psicólogo, economista, sociólogo etc.

c) *Momento de Atribuição de Sentido*: trata-se da hermenêutica aplicada às unidades de significado que emergiram no momento anterior. O pesquisador procederá a uma interpretação de cada uma dessas unidades, de acordo com suas referências teóricas e subjetivas. É um momento de análise e não de mera descrição.

d) *Momento de Síntese*: consiste no mapeamento das atribuições de sentido obtidas, com o intuito de alcançar uma compreensão geral e superior de todo o fenômeno pesquisado. É um momento de integração dos *insights* (MARTINS; BICUDO, 1989), no qual o pesquisador faz surgir, na própria consciência, a estrutura própria do fenômeno – ou as "essências" temáticas emergentes (MOREIRA, 2002).

É sempre conveniente reiterar não ser essa a única forma de análise fenomenológica à disposição do pesquisador. A título de exemplo de excelentes trabalhos de pesquisa utilizando o método fenomenológico, sugerimos a leitura e o estudo dos métodos empregados nas dissertações de Ferreira (1996) e Graziano (1998).

Conceitos-Chave do Capítulo

Generalização estatística	Generalização lógica	Análise de conteúdo
Unidade de registro	Codificação de dados	Categorização
Método fenomenológico	Hermenêutica	

172 METODOLOGIA DA CIÊNCIA

Leitura Complementar Recomendada

FLICK, U. *Uma introdução à pesquisa qualitativa.* 2. ed. Porto Alegre: Bookman, 2004.
Trata-se de uma obra bastante completa, que aborda desde os pressupostos históricos e filosóficos da pesquisa qualitativa até as questões técnicas relativas aos métodos de coleta e interpretação dos dados.

MARTINS, J.; BICUDO, M.A.V. *A pesquisa qualitativa em Psicologia:* fundamentos e recursos básicos. São Paulo: Educ/Moraes, 1989.
Embora o título sugira tratar-se de uma obra voltada para a psicologia, não acreditamos ser este exatamente o caso. Partindo de uma análise muito proveitosa acerca do positivismo e da filosofia da ciência, os autores desse clássico delineiam com sucesso as particularidades das pesquisas qualitativas, privilegiando a fenomenologia como método de investigação.

MOREIRA, D.A. *O método fenomenológico na pesquisa.* São Paulo: Pioneira Thomson, 2002.
Obra de caráter introdutório, porém extremamente clara e objetiva na exposição de um tema complexo como a fenomenologia, sendo, por esse motivo, recomendada para quem não se encontra familiarizado com o assunto.

Juntando Tudo: Um Exemplo Prático de Pesquisa

15

Muitas são as formas e variações dos trabalhos de pesquisa, conforme pudemos verificar no Capítulo 7. A rigor, para atender ao objetivo de exemplificação abrangente desejável neste capítulo, teríamos de fornecer um caso típico, ao menos para cada uma das modalidades principais. Como isso não é possível, optamos por apresentar um modelo derivado de uma tese de doutorado, por ser esse tipo de trabalho bastante completo, abrangendo praticamente todos os elementos textuais apresentados no Quadro 7.1 do referido capítulo.

Obviamente, não seria possível também apresentar todas as dimensões de pesquisa descritas no Quadro 5.6, de forma que nos resta, aqui, apenas a possibilidade de descrever uma trajetória possível, que vise fornecer ao leitor e pesquisador iniciante ao menos um parâmetro inicial no qual se basear.

A pesquisa descrita foi extraída de uma tese de doutoramento do autor (APPOLINÁRIO, 2001), a qual foi fruto do interesse pelo problema do desempenho acadêmico dos alunos de cursos superiores – uma das principais preocupações era compreender as razões para os baixos desempenhos apresentados por alguns alunos. A suspeita era de que esses desempenhos estariam ligados, de alguma forma, à capacidade de atenção dos discentes.

Para a obtenção dos resultados propostos, a pesquisa utilizou uma técnica muito interessante de treinamento da atenção – o *neurofeedback* (uma variante particular dos métodos de *biofeedback*), que consiste basicamente no treina-

174 METODOLOGIA DA CIÊNCIA

mento das ondas cerebrais do indivíduo, para que ele possa, por meio do uso de um aparelho de medição eletroencefalográfica, aprender a inibir certos padrões de ondas que atrapalham a atenção, enquanto intensifica o uso de outros tipos de ondas que favorecem os processos atencionais e mnemônicos.

Nas próximas páginas, o leitor encontrará excertos desse trabalho, os quais servem para ilustrar algumas das características da estrutura e do discurso científico padrão – lembrando sempre que esse exemplo em particular, de acordo com a classificação vista no Capítulo 5, configura-se em uma pesquisa experimental, com delineamento quase-experimental, de natureza predominantemente quantitativa, temporalidade longitudinal e com estratégias de campo (em relação à fonte de informação) e laboratório (em relação ao local de coleta de dados).

Como último comentário, ressaltamos algumas alterações feitas para a adaptação aqui exposta, como: a) o sumário foi reduzido e os índices de tabelas, figuras e anexos, suprimidos; b) também foram suprimidos os itens Agradecimentos, Dedicatória, Apresentação, *Résumé* (resumo, em francês), Justificativa e os Anexos II e III; c) os itens Resumo e *Abstract* foram colocados em uma única página, embora em trabalhos completos devam ser colocados em páginas separadas (conforme indicado no próprio sumário); d) o espaçamento entre as linhas, originalmente de 1,5, foi transformado em espaçamento simples; e) as referências e citações, originalmente no padrão APA (American Psychological Association), foram convertidas para o padrão NBR 6023 (ABNT, 2002).

Universidade de São Paulo
Instituto de Psicologia
Curso de Pós-Graduação em Psicologia

Avaliação dos Efeitos do Treinamento em *Neurofeedback* sobre o Desempenho Cognitivo de Adultos Universitários

Fabio Appolinário
São Paulo
2001

METODOLOGIA DA CIÊNCIA

UNIVERSIDADE DE SÃO PAULO
INSTITUTO DE PSICOLOGIA
CURSO DE PÓS-GRADUAÇÃO EM PSICOLOGIA

Avaliação dos Efeitos do Treinamento em *Neurofeedback* sobre o Desempenho Cognitivo de Adultos Universitários

Tese apresentada ao Instituto de Psicologia da Universidade de São Paulo, como parte dos requisitos para a obtenção do grau de Doutor em Psicologia, área de concentração Psicologia Escolar e do Desenvolvimento Humano.

Candidato: Fabio Appolinário
Orientador: Prof. Dr. Adail Victorino Castilho

Comissão Julgadora:

Prof. Dr. Adail Victorino Castilho   _____

Profª. Drª. Eda Marconi Custódio   _____

Profª. Drª. Maria Isabel da Silva Leme   _____

Prof. Dr. Pedro Puech Leão   _____

Profª. Drª. Vera Socci   _____

SUMÁRIO

Índice de Figuras ix

Índice de Tabelas x

Índice de Anexos xi

Resumo xii

Abstract xiii

Résumé xiv

1 – Introdução 1

    1.1 – *Biofeedback:* Conceitos e Definições 1

    1.2 - Tipos e Aplicações de *Biofeedback*...3

    1.3 – *Neurofeedback* e EEG Quantitativo: Histórico e
         Desenvolvimento...6

    1.5 – *Neurofeedback* e as Funções Cognitivas...39

2 – Justificativa 60

3 – Objetivos e Hipóteses 62

4 – Método 64

    4.1 – Sujeitos 64

    4.2 – Materiais 66

    4.3 – Procedimentos 67

    4.4 – Considerações Éticas 77

5 – Resultados 79

    5.1 – Considerações Gerais..79

    5.2 – Comparações Pré/Pós-Teste – Grupo Experimental 82

    5.3 – Comparações Grupo Experimental x Grupo Controle............................85

    5.4 – Correlações..87

    5.5 – Dados Qualitativos 88

6 – Discussão e Conclusões..91

7 – Referências 97

8 – Anexos...112

178 METODOLOGIA DA CIÊNCIA

APPOLINÁRIO, F. **Avaliação dos efeitos do treinamento em *neurofeedback* sobre o desempenho cognitivo de adultos universitários**. São Paulo, 2001. 122 p. Tese (Doutorado). Instituto de Psicologia da Universidade de São Paulo.

RESUMO

O *neurofeedback* é um processo psicofisiológico de aprendizagem através do qual o indivíduo obtém controle sobre a frequência de suas ondas cerebrais. Este estudo objetivou avaliar o efeito do treinamento do ritmo beta inferior (12-15 Hz) sobre o córtex sensório-motor e a concomitante inibição do ritmo teta (4-8 Hz) na mesma área sobre o desempenho atencional, mnemônico e cognitivo de adultos normais de nível universitário. Formou-se um grupo experimental e um grupo controle com 11 sujeitos cada, com idade média de 25,7 anos, estudantes de uma instituição de ensino superior particular em São Paulo. Todos os sujeitos foram submetidos a pré e pós-testes de inteligência não verbal (Matrizes Progressivas de Raven – Escala Avançada), verbal (V-47), atenção (D2) e memória (Fator M – Bateria Cepa). O experimento, que durou dois meses, submeteu os sujeitos experimentais a 36 sessões (em média) de treinamento em *neurofeedback*, com a duração de 15 minutos cada e frequência de três vezes por semana. Os resultados indicaram uma melhora significante nos processos atencionais, mnemônicos (icônicos) e edutivos (inteligência não verbal). Não foram obtidas melhoras significantes nos processos mnemônicos (ecoicos) e reprodutivos (inteligência verbal). A comparação do grupo experimental com o grupo controle indicou a não relevância do efeito aprendizagem (teste-reteste) nas tarefas utilizadas para a avaliação dos sujeitos.

Palavras-Chave: 1. *Biofeedback* 2. *Neurofeedback*
3. Aptidão cognitiva 4. Neuropsicologia

APPOLINÁRIO, F. **Evaluation of *neurofeedback* training on cognitive performance of college students**. São Paulo, 2001. 122 p. Doctoral Dissertation. Instituto de Psicologia da Universidade de São Paulo.

ABSTRACT

Neurofeedback is a psychophysiological process where visual stimuli and sounds are employed to reinforce voluntary control over EEG patterns. This study evaluated the effect of low beta (12-15 Hz) increase and theta (4-8 Hz) inhibit training over sensorimotor cortex on attention, memory and cognitive performance of young adults college students. Experimental and control groups were formed by 11 volunteers subjects each, aging 25,7 years on average. All subjects were submitted to pre and post evaluations of non-verbal (Raven's Advanced Progressive Matrices) and verbal intelligence (V-47 test), attention (D2 test) and memory (Fator M – Bateria Cepa). The experiment was conducted along two months, subjects having an average of 36 sessions (15 minutes each), three times a week. Results provide strong evidences of significant improvement on attention, visual memory and non-verbal intelligence (education). However, it could not be found evidence of significant improvement on auditory memory or verbal intelligence (reproduction). The experimental and control comparison did not indicate test-retest effects on the experiment.

Keywords: 1. Biofeedback 2. Neurofeedback 3. Cognitive abilities
4. Neuropsychology

I – INTRODUÇÃO

1.1– Biofeedback: Conceitos e Definições

O termo *feedback* foi inicialmente cunhado pelo matemático norte-americano Norbert Wiener, por volta dos anos 40 do século XX, e, no contexto da recém-criada cibernética, também desenvolvida por ele (MILLAR et al., 1996), foi definido como "um método para controlar os sistemas reinserindo os resultados dos seus desempenhos passados" (BIRK, 1973, p. 3 apud OLSON, 1995)[1]. Pela convergência de diversas disciplinas, tais como a própria cibernética, a teoria da aprendizagem, a psicofisiologia, a medicina comportamental e a engenharia biomédica, surge nos anos 1950 a ideia do *biofeedback*[2].

Essa ideia, que basicamente poderia ser resumida simplesmente como um aumento na propriocepção, acompanhada do aprendizado do autocontrole fisiológico – ou seja, um processo através do qual um indivíduo passa a receber informação acerca dos seus processos fisiológicos internos e, a partir dessa informação, aprende a controlar esses mesmos processos –, reside nos princípios básicos da cibernética. Por exemplo, um princípio fundamental afirma que "uma variável não pode ser controlada, a não ser que as informações acerca dessa variável estejam disponíveis ao controlador. Essas informações são chamadas de *feedback*" (SCHWARTZ, 1995a, p. 11). O outro princípio fundamental assevera que esse *feedback* possibilita a aprendizagem por parte do organismo.

Segundo a teoria da aprendizagem, uma das formas de *feedback* é o condicionamento operante. Quando a informação retroalimentada reforça positiva ou negativamente determinado comportamento dizemos que ocorre o aprendizado desse comportamento (CATANIA, 1999).

Muito embora o conceito central de *biofeedback* envolva basicamente as ideias discutidas anteriormente, há diversas definições acerca do termo. Para Olson (1995), essas definições poderiam ser agrupadas em duas grandes categorias: as *processuais* e as *teleológicas*. As primeiras referem-se ao processo de *biofeedback* propriamente dito, como, por exemplo, em Schwartz e Beatty (1977 apud OLSON, 1995)[3]: "o termo refere-se a um conjunto de procedimentos experimentais nos quais um sensor externo é utilizado para prover o organismo de informações acerca de seu estado fisiológico, normalmente numa tentativa de realizar uma modificação nesse mesmo estado" (p. 27). As segundas enfatizam a finalidade do *biofeedback*, como em Ray et al. (1979 apud OLSON, 1995): "o objetivo principal do *biofeedback* é o de proporcionar a aquisição do autocontrole dos processos psicofisiológicos" (p. 27) ou em Green e Green (1977): "o treinamento em *biofeedback* é uma ferramenta para o aprendizado da autorregulação psicossomática" (p. 4).

1.2 – Tipos e Aplicações de *Biofeedback*

Biofeedback de Tensão Muscular

Também conhecido como *biofeedback* eletromiográfico ou EMG, mensura a atividade elétrica dos músculos esqueléticos através de sensores colocados sobre a pele. Muito utilizado

---

[1] BIRK, L. (ed.). *Biofeedback*: behavioral medicine. New York: Grune & Stratton, 1973.

[2] Embora tanto o termo *feedback* quanto a palavra *biofeedback* possuam tradução para o português (retroalimentação e biorretroalimentação, respectivamente), essas últimas não são costumeiramente utilizadas nos meios científico e profissional em nosso país.

[3] SCHWARTZ, G. E; BEATTY, J. *Biofeedback*: theory and research. New York: Academic Press, 1977.

180 METODOLOGIA DA CIÊNCIA

para o treinamento de relaxamento em geral, cefaleias de tensão (SCHWARTZ, 1995), bruxismo, dor crônica, arritmias cardíacas (MARCER, 1986), problemas da articulação têmporo-mandibular, reabilitação neuropsicológica (CHERNIGOVSKAYA, 1984; MYE-RHOF, 1978) e manejo do estresse (SCHWARTZ; SCHWARTZ, 1995).

3 – OBJETIVOS E HIPÓTESES

3.1 – Objetivos

O objetivo deste trabalho, de uma forma geral, foi o de verificar o efeito do treinamento através da técnica do *neurofeedback* do ritmo SMR (12-15 Hz) sobre o córtex sensório-motor e a concomitante inibição do ritmo teta (4-8 Hz) na mesma área sobre o desempenho cognitivo em adultos normais de nível universitário. Também constituiu-se em objetivo deste estudo discutir a relação entre atenção e memória e as capacidades edutivas e reprodutivas postuladas por Spearman (1923, 1927 apud RAVEN; COURT; RAVEN, 1994), tais como mensuradas através dos instrumentos discutidos nos itens 4.3 e 4.4, mais adiante.

Mais especificamente, constituem os objetivos:

a) Testar o uso de um protocolo experimental específico de *neurofeedback* sobre a atenção, a memória e o desempenho cognitivo geral de sujeitos universitários e

b) Discutir a relação entre atenção e memória, e as capacidades edutivas e reprodutivas.

3.2 – Hipóteses

A hipótese principal da pesquisa antecipa que o treinamento do ritmo SMR com inibição do ritmo teta sobre a região do córtex sensório-motor através do *neurofeedback* incrementará de forma significante o desempenho atencional, mnemônico e cognitivo geral dos sujeitos. As hipóteses estatísticas, derivadas da substantiva, estão formuladas em suas formas nula e alternativa:

– H_0: O treinamento do ritmo SMR com inibição de teta através do *neurofeedback* não incrementará de forma significante o desempenho atencional, mnemônico e cognitivo geral dos sujeitos;

– H_1: O treinamento do ritmo SMR com inibição de teta através do *neurofeedback* incrementará de forma significante o desempenho atencional, mnemônico e cognitivo geral dos sujeitos.

Como hipótese secundária, temos que os processos atencional e mnemônico constituem-se em determinantes importantes para todos os outros processos cognitivos superiores e que, portanto, uma melhora na eficiência daqueles primeiros implicará significante melhora desses últimos.

4 – MÉTODO

4.1 – Sujeitos

Participaram deste estudo 22 sujeitos adultos, de ambos os sexos, estudantes de uma instituição de ensino superior particular da cidade de São Paulo – SP, com nível superior em andamento ou completo, sem histórico de treinamentos anteriores em nenhuma modalidade de *biofeedback* e nenhum registro de doença neurológica ou distúrbio de aprendizagem, bem como nenhum histórico familiar de doença neurológica grave (ver questão 7 do Questionário de Identificação – Seção II, Saúde, Anexo I) (critérios básicos para a inclusão na amostra). Os sujeitos foram divididos aleatoriamente em dois grupos com igual número de integrantes: Experimental (GE) e Controle (GC). As médias de idade e distribuição por gênero e grupo podem ser observadas nas Tabelas 4.1, 4.2 e 4.3.

(...)

Quadro 4.3 Idade e Gênero – Sujeitos Participantes (GE/GC)

Idade	Média	Desvio	Mínimo	Máximo
	25,71	4,33	20	35
Gênero	Onze homens e dez mulheres (n = 21)			

O nível socioeconômico foi avaliado de acordo com o critério da Associação Brasileira dos Institutos de Pesquisa de Mercado (Abipeme, 1994). Os sujeitos pertenciam às seguintes classes sociais: A (32,6%), B (55,1%) e C (12,3%). Em relação aos critérios de exclusão da amostra, os sujeitos foram informados de que seriam desligados do experimento caso faltassem a dois ou mais dias contíguos do treinamento ou a quatro ou mais dias intercalados. Caso fossem excluídos do experimento, não teriam direito a receber a sessão final de aconselhamento e devolutiva dos testes de memória e atenção. Após três sessões do procedimento experimental, um dos sujeitos do GE foi excluído do experimento por motivo de saúde, antes mesmo de atingir o critério especificado acima. Todas as análises foram conduzidas levando-se em consideração, portanto, 10 sujeitos para o GE e 11 sujeitos para o GC.

4.2 – Materiais

Para o procedimento experimental de *neurofeedback* foi utilizado o módulo BrainMaster 2E (Amplificador digital EEG de dois canais com conversor digital de 8 bits e interface serial RS-232 opticamente isolada), conectado através da porta serial (COM1) a um computador tipo "notebook" Compaq Presario 1200 (K6-II, 475Mz, 64Mb RAM, Monitor TFT Colorido de Matriz Ativa, 14"). O software de *neurofeedback* utilizado foi o BrainMaster Software for Windows Release 1.9 (COLLURA, 2001), sob o sistema operacional Windows 98.

Para a montagem das derivações eletroencefalográficas, utilizaram-se eletrodos convencionais tipo disco, folheados a ouro, reutilizáveis. A limpeza do escalpo foi realizada com o uso do gel abrasivo NuPrep (Laboratório D. O. Weaver) e a eletrocondutância foi garantida pelo uso da pasta atóxica Ten20 (Laboratório D. O. Weaver), de uso corrente em procedimentos de derivação eletroencefalográfica.

A bateria de testagem foi composta pelo teste D2 (BRICKENKAMP, 1990), Matrizes Progressivas de Raven – Escala Avançada (ANGELINI et al., 1999; RAVEN, 1965, 2000, 2001; RAVEN; COURT; RAVEN, 1994), Teste de Raciocínio Verbal V-47 (BOCCALANDRO, 1978) e Fator M da Bateria Fatorial CEPA (RAINHO, 2001). Nos testes nos quais a marcação de tempo fez-se necessária (D2 e Fator M), utilizou-se um cronômetro digital marca Technos, modelo Cronus C601X.

4.3 – Procedimentos

Todos os sujeitos (GE e GC) foram submetidos a uma entrevista inicial, cujo questionário básico encontra-se descrito no Anexo I, e, posteriormente, a uma bateria de testes aplicados individualmente na sequência listada a seguir:

a) Teste D2 de Atenção Concentrada (BRICKENKAMP, 1990);
b) Fator M – Aptidão Mnemônica – Bateria Cepa, séries A e B (RAINHO, 2001);
c) Teste V-47 de Raciocínio Verbal (BOCCALANDRO, 1978);
d) Teste Matrizes Progressivas de Raven – Escala Avançada (ANGELINI et al., 1999; RAVEN, 1965, 2000, 2001; RAVEN; COURT; RAVEN, 1994).

A necessidade do uso dos dois testes de inteligência especificados decorre dos argumentos desenvolvidos anteriormente no item 1.6.6, que esclarecem o escopo do termo "desempenho cognitivo" para fins deste estudo. Resumidamente, o Teste Matrizes Progressivas de Raven, segundo seu próprio autor (RAVEN; COURT; RAVEN, 1994), mensura a capacidade edutiva do indivíduo. Em sua versão original, em inglês, vem acompanhado da chamada Escala Mill-Hill de Vocabulário, para mensurar a capacidade reprodutiva. Como esta última não se encontra traduzida e validada em nosso país, optou-se por fazer uso de um teste correlato, o V-47 (Teste Verbal de Inteligência). A seguir, é apresentada uma breve descrição dos testes, acompanhada de uma explanação das variáveis mensuradas em cada um.

(...)

4.3.5 – Procedimentos Experimentais e Pós-Teste

Finda a etapa de pré-testagem, os sujeitos do grupo experimental (GE) submeteram-se a um número que variou entre 33 e 40 sessões de treinamento através de *neurofeedback*, com o objetivo de aumentar a frequência de emissão das ondas SMR sobre o córtex sensório-motor e a concomitante inibição das ondas teta sobre a mesma área. As sessões individuais tiveram uma duração de 15 minutos cada e frequência de seis vezes por semana (duas sessões ao dia, com intervalo de 5 minutos entre elas). A rotina do treinamento consistia na sequência dos seguintes procedimentos: a) colocação dos eletrodos; b) teste da derivação eletroencefalográfica e análise de artefatos; c) primeira sessão de treinamento (15 minutos); d) descanso de 3 a 5 minutos; e) segunda sessão de treinamento (15 minutos) e f) retirada dos eletrodos.

4.4 – Considerações Éticas

Os procedimentos descritos no item 4.3 são considerados seguros, não havendo relato na literatura acerca de nenhuma consequência danosa ou desfavorável a quem a eles se submetesse. Mesmo assim, todos os participantes desta pesquisa tomaram conhecimento, assinaram e receberam uma cópia do Consentimento Informado (ver Anexo II), documento que explica os objetivos e condições gerais para a realização deste estudo, conforme as recomendações da literatura sobre ética em pesquisa com sujeitos humanos (BARRET, 2000; MINISTÉRIO DA SAÚDE, 1997; WORLD HEALTH ORGANIZATION, 1993).

Alguns autores (por exemplo, TRIEFEL, 1995, 1999) indicam a possibilidade de ocorrerem "descompensações", "ab-reações" ou *insights* psicológicos em função dos procedimentos de *neurofeedback*, e, por esse motivo, decorre a necessidade da presença permanente de um psicólogo habilitado que acompanhe todas as sessões de treinamento, o que efetivamente ocorreu neste estudo.

Além disso, em treinamentos de ondas lentas (por exemplo, teta ou delta), alguns autores (por exemplo, COLLURA, 2001; STRIEFEL, 1995, 1999) asseveram existir a possibilidade de o treinamento em *neurofeedback* desencadear episódios convulsivos em pessoas com histórico médico de epilepsia. Não se configurou o caso aqui presente; todavia, para que não houvesse absolutamente nenhum risco, pessoas com histórico de convulsões ou epilepsia não foram pré-selecionadas para o estudo. O questionário da entrevista inicial (ver Anexo I) contemplou toda uma seção (Seção II – Saúde), destinada à análise dos critérios de inclusão na amostra.

As demais questões éticas inerentes aos estudos experimentais com sujeitos humanos foram apresentadas e discutidas de forma clara com os participantes no Consentimento Informado.

5 – RESULTADOS

5.1 – Considerações Gerais

Uma vez coletados e tabulados, os dados brutos foram arranjados em duas tabelas principais: dados completos para cada sujeito com as variáveis do pré e do pós-teste (Tabela 5.1) e os percentuais de variação do pós-teste em relação ao pré-teste, também para cada sujeito (Tabela 5.2). Em seguida, procedeu-se ao pré-processamento dos dados: as variáveis foram classificadas segundo seu nível de mensuração e, através da geração de *box-plots*, verificou-se a inexistência de valores extremos (*outliers*). Todas as variáveis foram, então, pesquisadas quanto ao tipo de distribuição apresentada. Os testes **Kolmogorov-Smirnov** e **Shapiro-Wilk** de normalidade, assim como a **Análise da Variância** (Univariate General Linear Model) ao nível de 0,05 de significância, indicaram a normalidade de todas as distribuições. Tendo em vista esses resultados iniciais, decidiu-se pela utilização dos testes de hipóteses de acordo com a proposta da estatística paramétrica (GREEN; SALKIND; AKEY, 2000).

Três procedimentos básicos foram realizados: a) levando-se em consideração a hipótese de que o treinamento foi efetivo sob a ótica das variáveis estudadas, realizou-se, através do teste **t** (Student), a comparação das médias dos sujeitos do GE no pré e no pós-teste (duas amostras emparelhadas nas quais cada sujeito é seu próprio controle); b) levando-se em consideração a hipótese de que os resultados do GE podem ser considerados significantemente diferentes dos resultados do GC, e assim, podendo o efeito teste-reteste ser desconsiderado, analisaram-se, também através do teste **t**, as diferenças das médias amostrais a partir dos percentuais de variação apresentados pelos sujeitos dos dois grupos (duas amostras independentes) e c) a fim de explorar a interação entre os percentuais de sucesso na diminuição das ondas teta e aumento da produção de ondas SMR e os resultados aferidos nas outras variáveis, conduziu-se uma análise de correlação (Pearson) entre as variáveis citadas. Finalmente, conduziu-se uma **análise qualitativa** das entrevistas realizadas com o GE após os procedimentos de pós-teste.

184   METODOLOGIA DA CIÊNCIA

5.2 – Comparações Pré/Pós-Teste – Grupo Experimental

Com a finalidade de examinar a validade da hipótese principal deste estudo, ou seja, a de que o treinamento através do *neurofeedback* incrementaria o desempenho cognitivo dos sujeitos, conduziu-se inicialmente uma comparação dos resultados dos sujeitos do GE no pré e no pós-teste.

5.2.1 – Atenção

O teste t de duas amostras emparelhadas demonstrou haver diferenças significantes entre o pré e o pós-teste nos resultados bruto (t[9] = 5,936, p<0,01), bruto percentil (t[9] = 5,008, p=0,01), líquido (t[9] = 10,260, p<0,01), líquido percentil (t[9] = 5,683, p<0,01), percentual de erros (t[9] = 4,049, p=0,03) e percentil do percentual de erros (t[9] = 5,450, p<0,01). Todavia, não foram constatadas diferenças significantes em relação à amplitude de oscilação (p>0,05).

Quadro 5.3 Médias do Teste D2 (Atenção Concentrada)

	Resultado bruto		Percentis Resultado bruto		Resultado líquido		Percentis Resultado líquido		Percentual de erros		Percentis Percentual de erros	
	Pré	**Pós**	**Pré**	**Pós**	**Pré**	**Pós**	**Pré**	**Pós**	**Pré**	**Pós**	**Pré**	**Pós**
Média	470,40	513,50	50,50	67,40	444,90	503,20	48,00	70,40	5,61	3,83	36,10	68,80
Desvio-Padrão	73,54	79,06	25,22	26,14	77,45	82,84	27,51	25,64	2,15	1,61	24,88	26,07

5.5 – Dados Qualitativos

A partir da aplicação do questionário de avaliação final (ver Anexo III) e das informações obtidas na entrevista de encerramento, podem-se tecer algumas considerações gerais de natureza qualitativa, embora essa categoria de análise não seja o escopo metodológico deste estudo. Por exemplo, todos os sujeitos declararam ter a percepção de melhoria geral em seu desempenho nos quesitos avaliados na questão 1, notadamente no que se refere à memória e à capacidade de concentração durante as aulas.

No que se refere a outras modificações percebidas em função do treinamento, seis dos sujeitos declararam estar se sentindo mais tranquilos e menos ansiosos. Esse efeito, embora não tenha se constituído como objetivo deste trabalho, talvez possa ser explicado em função da relação existente entre a capacidade de focalização da atenção e níveis progressivamente menores de ansiedade relatados por Westermayer (2001), em seu modelo cognitivo da ansiedade.

Em relação à percepção de controle, a maioria dos sujeitos (n=7) declarou ter encontrado maior facilidade na inibição das ondas teta e maior dificuldade no aumento da emissão das ondas SMR. Apenas metade dos sujeitos, no entanto, declarou acreditar ser possível conseguir reproduzir o estado mental treinado sem o uso dos aparelhos de *neurofeedback*. Os que assim declararam também acreditavam que, se um número maior de sessões fosse realizado, seria provável que desenvolvessem essa capacidade com o treinamento.

Na avaliação livre do processo, as percepções, de uma maneira geral, foram muito positivas:"Um bom treinamento, apesar de cansativo. Acho que, para melhores resultados, talvez fosse necessário mais tempo" (sic); "... acho que foi muito bom, pois consegui melhorar o meu desempenho tanto no trabalho como na sala de aula" (sic). A importância do acompanhamento motivacional durante o processo também foi ressaltada por um dos sujeitos: "... logo no início dos testes, era muito animador me ver fazendo um grande número de pontos, mas conforme foi dificultando o tamanho [dos quadrados], a pontuação caiu muito também. O problema é que não sabemos o que fazer para aumentarmos esses pontos e o pior é quando eles aumentam e você não sabe muito bem o que aconteceu para que isso ocorresse. A onda que eu mais senti dificuldade foi a verde [SMR]... durante esse treinamento houve uma semana que eu nem sequer (sic) conseguia fazer 20 pontos! Chegava a ser desesperador e me desanimou muito, mas depois melhorou" (sic). Outro sujeito asseverou: "... nos dias em que você consegue evoluir o mínimo que fosse, foi extremamente prazeroso; nas sessões em que não havia progressos, acabavam se tornando rotineiras demais..." (sic).

Outro sujeito comentou sobre seu desempenho no pós-teste: "Aliás, percebi que me cansei bem menos na realização dos testes, principalmente o das figurinhas [MPR – Escala Avançada], que fiquei sem entender absolutamente nada apenas na última figura; nas demais, senti sim alguma dificuldade, mas foi bem menos do que quando os fiz pela primeira vez e também terminei bem mais rapidamente e com maior segurança nas minhas respostas" (sic).

Finalmente, também surgiram observações acerca do pequeno período de treinamento: "fico triste porque não tivemos um trabalho para exercitar o treinamento após o término e de como atingir o estágio ideal de atenção e concentração. Acho que não cheguei aonde queria e acho que não custava nada continuar mais umas duas semanas... Contudo, gostei da participação e acredito ter obtido um mínimo de memorização e atenção. Aliás, percebi o quanto é ruim estar no estado de sonhar acordado e quanto o emocional interfere no estado mental saudável" (sic).

6 – DISCUSSÃO E CONCLUSÕES

O *neurofeedback* tem se mostrado uma técnica de aprendizagem bastante efetiva no que se refere ao tratamento de diversos distúrbios, tanto como procedimento principal quanto como procedimento complementar. Raros estudos têm sido realizados, no entanto, visando à sua utilização como ferramenta de melhoria do desempenho cognitivo em indivíduos normais. Este trabalho buscou explorar exatamente essa possibilidade.

Os resultados indicaram a confirmação da hipótese experimental da pesquisa: o treinamento em *neurofeedback*, utilizando o protocolo proposto e especificado anteriormente, incrementou de forma significante o desempenho atencional, mnemônico e cognitivo geral dos participantes.

Como pode-se observar na Tabela 5.6 (p. 84), o resultado mais significativo obtido foi a melhoria do desempenho na tarefa de memória icônica (variação média de 38,43%, dp = 15,90 entre o pré e o pós-teste), seguido pela inteligência não verbal (M = 18,15%, dp = 11,78) e atenção (M = 13,31%, dp = 4,75 no resultado bruto e M = 9,30%, dp = 5,75 no resultado líquido).

Algumas ressalvas, contudo, devem ser assinaladas. No que se refere às capacidades edutivas e reprodutivas, subcomponentes do fator g, os resultados indicaram diferenças significantes apenas em relação àquelas primeiras. Ou seja, o treinamento parece ter sido efetivo apenas em relação ao raciocínio não verbal, o que nos conduz à hipótese de que este último talvez seja mais dependente da atenção e do uso da memória de curto prazo do que o raciocínio verbal – muito embora não haja, na literatura, argumentos que sustentem essa afirmação, que deveria ser mais bem investigada em estudos posteriores.

Em relação à memória, da mesma forma, houve uma certa diferenciação em relação à origem sensorial: o treinamento mostrou-se eficaz para os elementos icônicos, mas não para os ecoicos. Embora pesquisas recentes sugiram uma forte associação entre as duas modalidades sensoriais (por exemplo, ANSTEY; LUSZCZ; SANCHES, 2001; SCHMIDT et al., 2002), os sujeitos tenderam a obter melhores resultados no teste de memória visual do que no teste de memória auditiva. Rozelle e Budzyski (1995) relatam um caso de reabilitação pós-acidente vascular cerebral utilizando o *neurofeedback*, com excelentes resultados sobre a MCP, não diferenciando, no entanto, a origem sensorial. Por outro lado, Thornton (2000) relata um experimento com 59 sujeitos que apresentavam algum grau de déficit de memória de curto prazo e que foram submetidos a um tratamento através do *neurofeedback*, obtendo uma substancial melhora que variou entre 68% e 181% em alguns casos, tendo a avaliação sido realizada através de duas tarefas de memória ecoica. Os resultados obtidos no presente trabalho vão nessa direção, apontando uma melhora, ainda que modesta, na MCP ecoica do pré-teste (M = 8,5, dp = 3,57) para o pós-teste (M = 10,70, dp = 1,77), embora essa diferença não possa ser considerada estatisticamente significante, talvez em função do pequeno número de sujeitos da amostra.

A comparação entre o desempenho do GE contra o do GC mostrou que o efeito de aprendizagem teste-reteste não foi significante para invalidar os ganhos obtidos pelos sujeitos do GE com o treinamento, exceto, mais uma vez, no que se refere à memória ecoica, em função da grande variabilidade dos resultados obtidos pelo GE (ver item 5.3.2).

(...)

De uma forma geral, os resultados apresentados sugerem ser esta uma linha de investigação promissora, na qual diversas questões futuras podem ser levantadas, como, por exemplo: a) que efeito teria esse mesmo protocolo de treinamento, variando-se os pontos da topografia cerebral, sobre o desempenho cognitivo? b) que efeitos o treinamento de *neurofeedback* possui sobre outras variáveis psicológicas (por exemplo, ansiedade) e funções cognitivas (por exemplo, percepção)? c) que variações poderiam ser realizadas com diferentes técnicas de ajuste dos limiares de reforçamento (*thresholds*) e ondas cerebrais (frequências)? etc.

Em resumo, levando-se em consideração os resultados deste trabalho, é possível concluir que ele permitiu compreender alguns aspectos relevantes da técnica do *neurofeedback* e do seu possível efeito positivo sobre algumas variáveis importantes do funcionamento cognitivo humano. Este se configura, todavia, apenas o ponto de partida para outros estudos que propiciem uma maior compreensão sobre as possibilidades e limitações dessa técnica.

7 – REFERÊNCIAS

ABARBANEL, A. Gates, states, rhythms, and resonances: The scientific basis of neurofeedback training. **Journal of Neurotherapy**, v. 1, n. 2, p. 15-38, 1995.

ABARBANEL, A. The neural underpinnings of neurofeedback training. In: J. R. Evans; A. Abarbanel (orgs.). **Introduction to quantitative EEG and neurofeedback**. New York: Academic Press, 1999.

ABIPEME – Associação Brasileira dos Institutos de Pesquisa de Mercado. **Proposição para um novo critério de classificação sócio-econômica.** São Paulo: Abipeme, 1994.

ANDERSEN, P.; ANDERSSON, S. A. **Physiological basis of the alpha rhythm**. New York: Century-Crofts, 1968.

ANGELINI, A. L. et al. **Manual**: Matrizes progressivas coloridas de Raven escala especial. São Paulo: Centro Editor de Testes e Pesquisas em Psicologia, 1999.

ANSTEY, K. J.; LUSZCZ, M. A.; SANCHEZ, L. Two-year decline in vision but not hearing is associated with memory decline in very old adults in a population-based sample. **Gerontology**, v. 47, n. 5, p. 289-293, 2001.

ARTHUR, W.; BARRET, G. V.; DOVERSPIKE, D. Validation of an information processing-based test battery for the prediction of handling accidents among petroleum-product transport drivers. **Journal of Applied Psychology**, n. 75, p. 621-628, 1990.

ASSOCIATION FOR APPLIED PSYCHOPHYSIOLOGY AND BIOFEEDBACK. **What is biofeedback?** Wheat Ridge, USA: The Association for Applied Psychophysiology and Biofeedback. Disponível em: <http://www.aapb.org/public/articles/details.cfm?id=4>. Acesso em: 18 jul. 2001.

AYERS, M. E. Assessing and treating open-head trauma, coma, and stroke using real-time digital EEG neurofeedback. In: J. R. Evans; A. Abarbanel (orgs.), **Introduction to quantitative EEG and neurofeedback**. New York: Academic Press, 1999.

BADDELEY, A. **Working memory**. London: Oxford University Press, 1986.

BAEHR, E. et al. Clinical use of an alpha asymmetry neurofeedback protocol in the treatment of mood disorders. In: J. R. Evans; A. Abarbanel (orgs.). **Introduction to quantitative EEG and neurofeedback**. New York: Academic Press, 1999.

BARRET, M. Practical and ethical issues in planning research. In: G. M. Breakwell; S. Hammond; C. Fife-Schaw (orgs.). **Research methods in Psychology**, 2. ed. London: Sage, 2000.

BENNETT, M. R. The early history of the sinapse: from Plato to Sherrington. **Brain Research Bulletin**, n. 50, p. 95-118, 1999.

BEN-SHAKHAR, G.; SHEFFER, L. The relationship between the ability to divide attention and standard measures of general cognitive abilities. **Intelligence**, v. 29, n. 4, p. 293-306, 2001.

BITTENCOURT, A. L. Mecanismo de ação do etanol: Envolvimento de glutamato, gaba e dopamina. **Revista de Psiquiatria Clínica**, v. 27, n. 1, p. 54-67, 2000.

BOCCALANDRO, E. R. **Teste V-47**: Manual de aplicação. São Paulo: Vetor, 1978.

BRANDÃO, M. L. **Psicofisiologia**. 2. ed., São Paulo: Atheneu, 2001.

Anexo I – Questionário de Identificação

As informações aqui contidas serão mantidas em caráter **confidencial**.

I – Dados de Identificação

Data da Entrevista: ___/___/_____   Código: _____
Sexo: ( ) M ( ) F   Nascimento: ___/___/_____
Estado Civil: ( ) solteiro/a   ( ) casado/a   ( ) viúvo/a   ( ) separado/a ou divorciado/a
Escolaridade: ( ) Superior Completo   ( ) Superior Incompleto   Curso: _____
Tipo de Instituição: ( ) Pública   ( ) Privada   ( ) Mista
Trabalha atualmente? ( ) Sim ( ) Não

II – Saúde

1 – Realiza tratamento de alguma espécie e/ou utiliza alguma medicação atualmente, de forma regular? Especificar:

( ) homeopática   ( ) alopática   ( ) outras

_____

_____

2 – Utiliza alguma medicação atualmente, de forma esporádica? Especificar:

( ) homeopática   ( ) alopática   ( ) outras

_____

_____

3 – Sofre de alguma doença atualmente? Qual?

_____

_____

4 – Doenças que já teve (inclusive na infância):

_____

_____

5 – Já foi internado? Sofreu cirurgia? Quando e por que motivo?

_____

6 – Menciona o uso de drogas? Quais? Com que periodicidade?

_____

_____

7 – Algum parente próximo (falecido ou vivo) já sofreu de (discriminar grau de parentesco):

( ) Alcoolismo   ( ) Epilepsia

( ) Distúrbios mentais   ( ) Não sabe responder

( ) Dependência de drogas   ( ) Outros_____

8 – Já realizou algum tipo de tratamento utilizando técnicas de *biofeedback* ou *neurofeedback*?

( ) Sim   ( ) Não

Referências

ALVES-MAZZOTTI, A. J.; GEWANDSZNAJDER, F. *O método nas ciências naturais e sociais:* pesquisa quantitativa e qualitativa. 2. ed. São Paulo: Pioneira, 1999.

AMERICAN PSYCHOLOGICAL ASSOCIATION. *Manual de estilo da APA*: regras básicas. Porto Alegre: Artmed, 2006.

ANDER-EGG, E. *Introducción a las técnicas de investigación social para trabajadores sociales.* 7. ed. Buenos Aires: Humanitas, 1978.

ANDERY, M. M. et al. *Para compreender a ciência:* uma perspectiva histórica. 12. ed. São Paulo: Educ, 2003.

APPOLINÁRIO, F. *Dicionário de metodologia científica:* um guia para a produção do conhecimento científico. São Paulo: Atlas, 2004.

APPOLINÁRIO, F; GIL, I. *Como escrever um texto científico*: teses, dissertações, artigos e TCC. São Paulo: Trevisan Editora Universitária, 2011.

ASSOCIAÇÃO BRASILEIRA DE NORMAS TÉCNICAS (ABNT). *NBR 6.023:* informação e documentação: referências – elaboração. Rio de Janeiro, 2002.

ASSOCIAÇÃO BRASILEIRA DE NORMAS TÉCNICAS (ABNT).*NBR 10.520: informação e documentação*: citações em documentos – apresentação. Rio de Janeiro, 2002a.

190 METODOLOGIA DA CIÊNCIA

BARDIN, L. *L'analyse de contenu*. Paris: Presses Universitaires de France, 1977.

BERGER, P. L.; LUCKMANN, T. *A construção social da realidade*. 22. ed. Petrópolis: Vozes, 2002.

BLAXTER, L.; HUGHS, C.; TIGHT, M. *How to research*. Londres: Open University Press, 1996.

BRANNEN, J. *Mixing methods:* qualitative and quantitative research. Aldershot, Inglaterra: Avebury, 1992.

BREAKWELL, G. M. Interviewing. In: BREAKWELL, G. M. et al. (orgs.) *Research methods in psychology*. 2. ed. Londres: Sage Publications, 2000.

BUNGE, M. *La investigactión científica:* su estrategia y su filosofía. 2. ed. Barcelona: Ariel, 1985.

CAMPOS, L. F. L. *Métodos e técnicas de pesquisa em psicologia*. 2. ed. Campinas: Alínea, 2001.

CASEBEER, A. L.; VERHOEF, M. J. Combining qualitative and quantitative research methods: considering the possibilities for enhancing the study of chronic diseases. *Chronic Diseases in Canada*, v. 18, n. 3, 1997.

COMTE, A. *Curso de filosofia positiva*. São Paulo: Nova Cultural, 1996. Original publicado em 1830 (Coleção *Os Pensadores*).

COMTE, A. *Discurso sobre o espírito positivo*. São Paulo: Abril Cultural, 1983. Original publicado em 1844. (Coleção *Os Pensadores*).

COSTA, N. C. A. *O conhecimento científico*. 2. ed. São Paulo: Discurso Editorial, 1999.

COZBY, P. C. *Métodos de pesquisa em ciências do comportamento*. São Paulo: Atlas, 2003.

DE VRIES, H. et. al. The utilization of qualitative and quantitative data for health education program planning, implementation and evaluation: a spiral approach. *Health Education Quaterly*, v. 19, n. 1, p. 101-115, 1992.

DEITZ, S. M. Two correct definitions of "Applied". *The Behavior Analyst*, n. 6, p. 105-106, 1983.

DELGADO, J. M.; GUTIÉRRES, J. *Métodos y técnicas cualitativas de investigación em ciencias sociales*. Madri: Síntesis, 1994.

DESCARTES, R. *Discurso do método*. São Paulo: Ática, 1996. Original publicado em 1637.

FERREIRA, R. F. *Grandes questões veredas*: a militância e o processo de subjetivação do homem contemporâneo. Dissertação (Mestrado em Psicologia). Universidade de São Paulo, São Paulo, 1996.

FEYERABEND, P. K. *Contra o método*. São Paulo: Relógio D'água, 1997.

FEYERABEND, P. K. *Adeus à razão*. São Paulo: UNESP, 2010.

FIORIN, J. L. *Elementos de análise do discurso*. 9. ed. São Paulo: Contexto, 2000.

FIRESTONE, W. Meaning in method: the rhetoric of quantitative and qualitative research. *Educational Researcher*, v. 16, n. 7, p. 16-21, 1987.

FLICK, U. *Uma introdução à pesquisa qualitativa*. 2. ed. Porto Alegre: Bookman, 2004.

GALILEU, G. *O ensaiador*. São Paulo: Nova Cultural, 1996. Original publicado em 1623 (Coleção *Os Pensadores*).

GIORGI, A. (ed.) *Phenomenology and psychological research*. Pittsburgh: Duquesne University Press, 1985.

GLASER, B. G.; STRAUSS, A. L. *The discovery of grounded theory:* strategies for qualitative research. Nova York: Aldine, 1967.

GOTTSCHALL, C. A. M. *Do mito ao pensamento científico:* a busca da realidade, de Tales a Einstein. São Paulo: Atheneu, 2003.

GRAZIANO, L. D. *Vitor e sua vitória*: a construção da identidade de um militante através da Aids. Dissertação (Mestrado em Psicologia). Universidade São Marcos, São Paulo, 1998.

192 METODOLOGIA DA CIÊNCIA

GRAZIANO, L. D. *A felicidade revisitada*: um estudo sobre o bem-estar subjetivo na visão da psicologia positiva. Tese (Doutorado em Psicologia). São Paulo: Universidade de São Paulo, São Paulo, 2005.

HABERMAS, J. *Conhecimento e interesse*. Rio de Janeiro: Zahar, 1982.

HAIR, J. F. et al. *Fundamentos de métodos de pesquisa em administração*. Porto Alegre: Bookman, 2005.

HAYEK, F. A. *The sensory order*. Chicago: University of Chicago Press, 1952.

HILL, M. M.; HILL, A. *Investigação por questionário*. 2. ed. Lisboa: Sílabo, 2002.

HORVAT, J.; DAVIS, S. *Doing psychological research*. Nova York: Prentice Hall, 1997.

HOUAISS, A.; VILLAR, M. S. *Dicionário Houaiss da língua portuguesa*. Rio de Janeiro: Objetiva, 2009.

JAPIASSÚ, H. *Francis Bacon:* o profeta da ciência moderna. São Paulo: Letras e Letras, 1995.

JONES, J. L. *Understanding psychological science*. Nova York: Harper & Collins, 1995.

JUNG, C. G. *Os arquétipos e o inconsciente coletivo:* obras completas de Carl Gustav Jung IX/1. 2. ed. Petrópolis: Vozes, 2002.

KÖCHE, J. C. *Fundamentos de metodologia científica:* teoria da ciência e prática da pesquisa. 18. ed. Petrópolis: Vozes, 2000.

KUHN, T. S. *A estrutura das revoluções científicas*. 8. ed. São Paulo: Perspectiva, 2003.

LAKATOS, I. *Proofs and refutations:* the logic of mathematical discovery. Nova York: Cambridge University Press, 1970.

LAKATOS, I. *The methodology of scientific research programmes*. Cambridge: Cambridge University Press, 1978.

REFERÊNCIAS   193

LATOUR, B. *Science in action:* how to follow scientist and engineers through society. Cambridge: Harvard University Press, 1987.

LEEDY, P. D; ORMROD, J. E. *Practical research:* planning and design. 7. ed. Upper Saddle River, NJ: Prentice Hall, 1985.

LEVIN, J; FOX, J. A. *Estatística para as ciências humanas.* 9. ed. São Paulo: Prentice Hall, 2004.

MALHOTRA, N. K. et al. *Introdução à pesquisa de marketing.* São Paulo: Prentice Hall, 2005.

MARK, M.; PEARSON, C. S. *O herói e o fora da lei:* como construir marcas extraordinárias usando o poder dos arquétipos. São Paulo: Cultrix/Meio & Mensagem, 2002.

MARTINS, J. B. *A história do átomo:* de Demócrito aos quarks. São Paulo: Ciência Moderna, 2002.

MARTINS, J.; BICUDO, M. A. V. *A pesquisa qualitativa em psicologia:* fundamentos e recursos básicos. São Paulo: Educ/Moraes, 1989.

MARX, M. H.; HILLIX, W. A. *Sistemas e teorias em psicologia.* 3. ed. Tradução de A. Cabral. São Paulo: Cultrix, 1978.

MATURANA, H. R.; VARELA, F. J. *A árvore do conhecimento.* Campinas: Editorial Psy II, 1995.

MAYRING, P. Qualitative content analysis. In: FLICK, U. et al. (eds.) *Qualitative research:* a handbook. Londres: Sage, 2002.

MELTZOFF, J. *Critical thinking about research:* psychology and related fields. Nova York: APA, 1998.

MILLWARD, L. J. Focus group. In: BREAKWELL, G. M. et al. (orgs.) *Research methods in psychology.* 2. ed. Londres: Sage Publications, 2000.

MINAYO, M. C. S. *O desafio do conhecimento:* pesquisa qualitativa em saúde. 7. ed. São Paulo: Hucitec, 2000.

194 METODOLOGIA DA CIÊNCIA

MIRÓ, M. T. *Epistemología evolutiva y psicologia*. 2. ed. Valência: Promolibro, 1994.

MOLES, A. A. *Les sciences de l'imprécis*. Paris: Éditions du Seuil, 1990.

MOREIRA, D. A. *O método fenomenológico na pesquisa*. São Paulo: Pioneira Thomson, 2002.

NEURATH, M.; COHEN, R. S. *Empiricism and sociology:* the life and work of Otto Neurath. Boston: Kluwer Academic Publishers, 1973.

NEWMAN, I.; BENZ, C. R. *Qualitative-quantitative research methodology:* exploring the interactive continuum. Carbondale, IL: Southern Illinois University Press, 1998.

OLIVEIRA, S. L. *Tratado de metodologia científica:* projetos de pesquisa, TGI, TCC, monografias, dissertações e teses. São Paulo: Pioneira, 1997.

PIAGET, J. *Epistemologia genética*. São Paulo: Martins Fontes, 2002.

POPPER, K. R. *A lógica da pesquisa científica*. São Paulo: Cultrix, 1974 [1934].

ROMERO, S. A utilização da metodologia dos grupos focais na pesquisa em psicologia. In: SCARPARO, H. (org.) *Psicologia e pesquisa:* perspectivas metodológicas. Porto Alegre: Sulina, 2000.

RORTY, R. *Consequences of pragmatism:* essays, 1972–1980. Twin Cities: University of Minnesota Press, 1982.

RUDIO, F. V. *Introdução ao projeto de pesquisa*. Petrópolis: Vozes, 1985.

RUDIO, F. V. *Introdução ao projeto de pesquisa científica*. 24. ed. Petrópolis: Vozes, 1999.

RUSSEL, B. *The history of western philosophy*. Nova York: Simon & Schuster, 1945.

SANTOS, B. S. *Um discurso sobre as ciências*. São Paulo: Cortez, 2003.

SELLTIZ, C.; WRIGHTSMAN, L. S., COOK, S. W. *Métodos de pesquisa nas relações sociais V. I – delineamentos de pesquisa*. São Paulo: EPU, 1987.

SELLTIZ, C.; WRIGHTSMAN, L. S., COOK, S. W. *Métodos de pesquisa nas relações sociais V. II – medidas na pesquisa social*. São Paulo: EPU, 1987a.

SELLTIZ, C.; WRIGHTSMAN, L. S., COOK, S. W. *Métodos de pesquisa nas relações sociais V. III – análise de resultados*. São Paulo: EPU, 1987b.

SIEGEL, S. *Estatística não paramétrica para as ciências do comportamento*. São Paulo: McGraw-Hill, 1975.

SIQUEIRA, M. M. M. Comprometimento organizacional na Universidade Federal de Uberlândia. *Temas em Psicologia*, Ribeirão Preto, v. 1, p. 63-71, 1994.

STECKLER, A. et al. Toward integrating qualitative and quantitative methods: an introduction. *Health Education Quarterly*, n. 19, p. 1-8, 1992.

STEVENS, S. S. On the theory of scales of measurement. *Science*, v. 103, n. 2684, p. 677-680, 1946.

STRAUSS, A. L.; CORBIN, J. *Basics of qualitative research*. Londres: Sage, 1990.

TESCH, R. *Qualitative research analysis types and software tools*. Nova York: Falmer, 1990.

VIEIRA, S. *Estatística experimental*. 2. ed. São Paulo: Atlas, 1999.

VIEIRA, S. HOSSNE, W. S. *Metodologia científica para a área de saúde*. Rio de Janeiro: Campus, 2002.

VON GLASERFELD, E. Introdução ao construtivismo radical. In: WATTTZLAWICK, P. (org.) *A realidade inventada*. Campinas: Editorial Psy II, 1994.

WEBER, M. *Sobre a teoria das ciências sociais*. Lisboa: Editorial Presença, 1974.

YIN, R. K. *Estudo de caso:* planejamento e métodos. 2. ed. Porto Alegre: Bookman, 2001.

Websites de Busca Científica

Na tabela a seguir podem ser encontrados os endereços eletrônicos de alguns dos principais índices de busca científica da internet. Atente para o fato, contudo, de que alguns desses índices têm seu acesso restrito a assinantes institucionais pagos. Normalmente, as instituições de ensino superior assinam alguns desses serviços, disponibilizando-os aos seus alunos sem nenhum ônus.

Instituição / Programa	Tipo de Acesso	Endereço Eletrônico
Banco de Teses da Capes	Público	<http://capedw.capes.gov.br/capesdw>
Biblioteca Digital de Teses e Dissertações da USP	Público	<http://www.teses.usp.br>
Biblioteca Digital de Obras Raras	Público	<http://www.obrasraras.usp.br>
Biblioteca Nacional de España	Público	<http://www.bne.es>
Biblioteca Nacional de Portugal	Público	<http://www.bn.pt>
Biblioteca Virtual Miguel de Cervantes (Argentina)	Público	<http://www.cervantesvirtual.com>
Bibliotecas Virtuais Temáticas	Público	<http://prossiga.ibict.br/bibliotecas>

(continua)

198   METODOLOGIA DA CIÊNCIA

Instituição / Programa	Tipo de Acesso	Endereço Eletrônico
Biblioteca Virtual em Saúde	Público	\<http://www.bireme.br> ou \<http://regional.bvsalud.org>
Bibliothèque Nationale de France	Público	\<http://www.bnf.fr>
British Library	Público	\<http://www.bl.uk>
Directory of Open Access Journals	Público	\<http://www.doaj.org>
Ebsco	Privado	\<http://www.ebsco.com>
ERIC - Educational Resources Information Center	Público, a partir do website da USP	\<http://www.eric.ed.gov> ou \<http://www.usp.br/sibi>[1]
Fundação Biblioteca Nacional	Público	\<http://www.bn.br>
Google Acadêmico	Público	\<http://scholar.google.com.br>
Library of Congress (EUA)	Público	\<http://www.loc.gov>
Medline	Público	\<http://www.bireme.br> ou \<http://www.usp.br/sibi>[2]
National Center for Biotechnology information	Público	\<http://www.ncbi.nlm.nih.gov>
Periódicos Capes	Público	\<periodicos.capes.gov.br>
ProQuest	Privado	\<http://www.proquest.com.br>
SCIELO Brazil - Scientific Electronic Library Online	Público	\<http://www.scielo.br>
Science Direct	Privado	\<http://www.sciencedirect.com>
Scirus Scientific Information	Público	\<http://www.scirus.com>

---

[1]   Nessa área, é possível obter acesso público e gratuito a diversos índices de busca, bastando para isso acionar o link "Bases de Dados", clicando posteriormente na base desejada.

[2]   Idem.

Modelos Diversos

B

Modelo de Capa

Centro Universitário Álvares Penteado
Mestrado em Administração de Empresas

**FATORES DETERMINANTES DA COMPETITIVIDADE INTER-
NACIONAL DA INDÚSTRIA TÊXTIL**

Maria da Silva

São Paulo
2005

Modelo de Folha de Rosto

Centro Universitário Álvares Penteado
Mestrado em Administração de Empresas

FATORES DETERMINANTES DA COMPETITIVIDADE INTER-
NACIONAL DA INDÚSTRIA TÊXTIL

Maria da Silva

Dissertação apresentada ao
Centro Universitário Álvares
Penteado, como parte dos requi-
sitos para a obtenção do grau de
Mestre em Administração de
Empresas.

Orientador: Prof. Dr. João Silva

São Paulo
2005

Modelo de Ficha Catalográfica

Appolinário, F.

Avaliação dos efeitos do treinamento em neurofeedback sobre o desempenho cognitivo de adultos universitários / Fabio Appolinário. São Paulo. s.n., 2001. xiv, 122 p.

Tese (doutorado) – Instituto de Psicologia da Universidade de São Paulo. Departamento de Psicologia da Aprendizagem, do Desenvolvimento Humano e da Personalidade.

Orientador: Prof. Dr. Adail Victorino Castilho

1. Biofeedback 2. Neurofeedback 3. Aptidão Cognitiva 4. Neuropsicologia 5. Universitários 1. Título

Modelo de Sumário

Sumário

Apresentação 1

1 – Introdução 5
    1.1 Primeiros conceitos...6
    1.2 A indústria têxtil no Brasil 15
    1.3 Projetos de modernização do setor....................23

2 – Método 57
    2.1 Sujeitos 58
    2.2 Materiais 59
    2.3 Procedimentos 61
    2.4 Considerações éticas...63

3 – Resultados 67

4 – Conclusão 89

5 – Referências 96

6 – Anexos 102
    Anexo A – Instrumento de Coleta de Dados...........103
    Anexo B – Planilha de Dados Brutos 109

Modelo de Lista de Figuras ou Tabelas

Lista de Tabelas

Tabela 1.1 – Características da Indústria Têxtil Brasileira.......5

Tabela 1.2 – Estrutura da Indústria Têxtil 67

Tabela 2.1 – Evolução Patrimonial do Setor........................89

Tabela 3.1 – Principais Conceitos Financeiros Envolvidos....96

Tabela 3.2 – *Spreads versus* Consolidação Financeira 102

Modelo de Cronograma

Evento   Mês

Evento	1	2	3	4	5	6	7	8	9	10	11	12	13	14	15	16	17	18
Levantamento Bibliográfico	X	X	X	X	X	X												
Elaboração do Projeto Final	X	X	X	X	X	X	X	X										
Coleta de Dados Preliminar							X	X	X									
Procedimento Experimental									X	X	X							
Análise dos Resultados											X	X	X					
Discussão													X	X				
Conclusão														X	X			
Revisão Final																X	X	
Impressão e Encadernação																		X

Modelo de Orçamento de Pesquisa

Exemplo de orçamento para uma pesquisa fictícia, com duração de 12 meses:

Item	Valor unitário (R$)	Valor total (R$)
I. Despesas com Pessoal		
Coordenador do projeto (1)	2.500,00/mês	30.000,00
Pesquisador assistente (1)	1.500,00/mês	18.000,00
Estagiários (2)	500,00/mês	12.000,00
Encargos	-----	33.000,00
Subtotal	-----	93.000,00
II. Materiais e Equipamentos		
Computador (2)	4.500,00	9.000,00
Impressora (1)	480,00	480,00
Aparelho de videocassete (1)	399,00	399,00
Subtotal	-----	9.879,00
III. Material de Consumo		
Papel A4 (20 pacotes)	9,80	196,00
Cartuchos de tinta (5)	87,50	437,50
Fita de vídeo VHS (12)	5,60	67,20
Canetas (10)	0,90	9,00
Lápis (10)	0,18	1,80
Subtotal	-----	711,50
IV. Outras Despesas (diversos)		
Aluguel de sala (1)	280,00	3.360,00
Passagem aérea (2)	675,00	1.350,00
Diária e hospedagem (2 x 5 dias)	500,00	5.000,00
Subtotal	-----	9.710,00
V. Despesas Finais		
Encadernações (10)	45,00	450,00
Provisão de despesas gerais	-----	1.000,00
Subtotal		1.450,00
Total Geral do Projeto		**114.750,50**

Referências Padrão ABNT

Considerações Gerais

Em nosso país, normalmente as referências em trabalhos acadêmicos seguem a padronização elaborada pela ABNT (Associação Brasileira de Normas Técnicas). Nesse caso específico, a norma NBR 6.023, de 2002, é o documento que descreve em detalhes as convenções adotadas na maioria das instituições de ensino e pesquisa brasileiras.

O formato geral de uma referência é o seguinte:

> Nome do Autor. Título da obra. Edição. Cidade: Nome da Editora, Ano da Publicação.

Algumas informações das referências são consideradas essenciais (como as já citadas) e outras, complementares; por isso, são opcionais. O autor de um trabalho acadêmico deve analisar, caso a caso, a necessidade de explicitação dessas informações complementares. A seguir, apresentamos um exemplo de uma mesma referência em duas versões: uma contendo apenas as informações essenciais e outra contendo também as complementares:

A) Informações essenciais:

> FRIEDMAN, H. S.; SCHUSTACK, M. W. **Teorias da personalidade**: da teoria clássica à pesquisa moderna. 2. ed. São Paulo: Prentice Hall, 2004.

B) Informações complementares (sublinhado):

> FRIEDMAN, H. S.; SCHUSTACK, M. W. **Teorias da personalidade**: da teoria clássica à pesquisa moderna. (B. Honorato, trad.). 2. ed. São Paulo: Prentice Hall, 2004. 552 p. ISBN: 85-87918-50-8. [original publicado em 1999].

Regras gerais de apresentação das referências

a) O sobrenome dos autores pode vir grafado todo em maiúsculas ou somente com a primeira letra em maiúscula. Todavia, quando se escolhe um estilo, ele deve permanecer para todas as referências do trabalho.

b) As referências devem ser alinhadas à margem esquerda do documento, com espaçamento simples entre as linhas e espaçamento duplo entre as referências.

c) Deve-se utilizar algum recurso tipográfico (**negrito**, *itálico* ou sublinhado) para ressaltar o título da obra.

d) Em trabalhos científicos, é mais comum que as referências apareçam em seção própria (denominada "Referências"), colocada ao final do trabalho. Alternativamente, é permitido colocar as referências em notas de rodapé ou mesmo ao final de cada parte do texto (por exemplo, ao final de um capítulo).

Exemplos de Referências (casos mais comuns)

a) Livros (tomados como um todo)

> Nome(s) do(s) Autor(es). **Título do Livro**. Edição (exceto se for a 1ª). Cidade: Nome da Editora, Ano.

Exemplo com um autor:

ECO, U. **Kant e o ornitorrinco**. Rio de Janeiro: Record, 1998.

Exemplo com dois autores:

NONAKA, I.; TAKEUCHI, H. **Criação de conhecimento na empresa**: como as empresas japonesas geram a dinâmica da inovação. Rio de Janeiro: Campus, 1997.

Exemplo com três ou mais autores:

SCHERMERHORN Jr., J. R. et al. **Fundamentos de comportamento organizacional**. 2. ed. Porto Alegre: Bookman, 1999.

Exemplo com autor institucional:

ORGANIZAÇÃO MUNDIAL DA SAÚDE. **Dengue hemorrágica**: diagnóstico, tratamento e controle. Genebra: OMS, 1987.

Exemplo com autor organizador:

WATZLAWICK, P. (org.) **A realidade inventada**. Campinas: Editorial Psy, 1994.

b) Capítulos de livros

Nome(s) do(s) Autor(es) do Capítulo. Título do Capítulo. Edição (exceto se for 1ª). In: Nome(s) do(s) Autor(es) do Livro (org). Título do Livro. Cidade: Nome da Editora, Ano.

SOLDATI, V. R. Ética em pesquisas de saúde: algumas reflexões. In: Angerami-Camon, V. A. (org.). **A ética na saúde**. São Paulo: Pioneira, 1997.

c) Artigo em periódico

> Nome(s) do(s) Autor(es) do Artigo. Título do Artigo. **Nome do Periódico**, Local de publicação, Volume, Número, Intervalo de páginas, Data da publicação.

> FORATTINI, O. P. A privatização da universidade e o genoma. **Revista de Saúde Pública**, São Paulo, v. 35, n. 2, p. 111-112, abr. 2001.

> VIANNA, R. P.; TERESO, M. J. A. O programa de merenda escolar de Campinas: análise do alcance e limitações do abastecimento regional. **Revista de Nutrição**, São Paulo, v. 13, n. 1, p. 41-49, abr. 2000.

d) Teses e dissertações

> Nome do Autor. **Título**. Grau (Dissertação/Tese/Especialização). Vinculação Acadêmica, Local, Data da defesa.

> GRAZIANO, L. D. **Vítor e sua vitória**: a construção da identidade de um militante através da Aids. Dissertação (Mestrado em Psicologia). Universidade São Marcos, São Paulo, 1998.

> FISCHER, T. O ensino da administração pública no Brasil, os ideais de desenvolvimento e as dimensões da racionalidade. Tese (Doutorado em Administração). Faculdade de Economia, Administração e Ciências Contábeis, Universidade de São Paulo, São Paulo, 1984.

e) Eventos científicos

Evento como um todo:

> Nome do Evento, Numeração (se houver), Ano, Local. **Documento** (Atas, Anais, Resultados, *Proceedings* etc.). Local da publicação: Editora (ou entidade responsável), Ano.

REFERÊNCIAS PADRÃO ABNT 211

> CONGRESSO NACIONAL DE BOTÂNICA, 54., 2003, Belém. **Anais**. Belém: Sociedade Brasileira de Botânica, 2003.

Trabalho apresentado e publicado em anais:

> Nome(s) do(s) Autor(es), Título do Trabalho, In: Nome do Evento, Numeração (se houver), Ano, Local, **Documento** (Atas, Anais, Resultados, *Proceedings* etc.), Local da publicação: Editora (ou entidade responsável), Ano.

> MOREIRA, L. B. et al. Programas de melhoria contínua na área assistencial. In: Congresso de Qualidade para Serviços Hospitalares, 6., 2003, São Paulo. **Anais**. São Paulo: Universidade de São Paulo/Hospital das Clínicas, 2003, p. 173.

f) Legislação

> Jurisdição (País, Estado ou Cidade), **Título**, Numeração (se houver), Data, Dados da publicação.
>
> * Apenas no caso de Constituição e suas emendas, entre o nome da jurisdição e o título, acrescenta-se a palavra "Constituição", seguida do ano de promulgação, entre parênteses.

Constituição:

> BRASIL. Constituição (1988). **Constituição da República Federativa do Brasil**. 16. ed. São Paulo: Saraiva, 1997.

Lei:

> BRASIL. Lei nº 9.160, de 19 de fevereiro de 1998. Altera, atualiza e consolida a legislação sobre direitos autorais e dá outras providências. **Diário Oficial da República Federativa do Brasil**, Brasília, DF, n. 36, 20 fev. 1998. Seção 1, p. 3-9.

Código:

> BRASIL. **Código de processo penal**. 41. ed. São Paulo: Saraiva, 2001.

212 METODOLOGIA DA CIÊNCIA

Decreto:

> SÃO PAULO (Estado). Decreto nº 42.822, de 20 de janeiro de 1998. Dispõe sobre a desativação de unidades administrativas de órgãos da administração direta e das autarquias do Estado e dá providências correlatas. **Lex**: coletânea de legislação e jurisprudência, São Paulo, v. 62, n. 3, p. 217-220, 1998.

g) Páginas da internet[1]

> Nome(s) do(s) Autor(es) ou Instituição. **Título da Página**. Local (se houver): Instituição responsável. Disponível em <endereço eletrônico completo>, acesso em: dia, mês abreviado, ano.

> MINISTÉRIO DA SAÚDE. **Resolução CNS 196/96: Diretrizes e normas regulamentadoras de pesquisas envolvendo seres humanos**. Brasília: Conselho Nacional de Ética em Pesquisa, Ministério da Saúde. Disponível em: <http://conselho. saude.gov.br/comissao/eticapesq_2.htm>, acesso em 31 jul. 2001.

> UNIVERSIDADE DE SÃO PAULO. **Página institucional da USP**. São Paulo: USP, 2004. Disponível em: <http://www.usp.br>. Acesso em 2 jan. 2004.

h) Filmes em VHS ou DVD

> **Título**. Nome do Diretor, Nome do Produtor, Outros participantes (se houver), Local de lançamento, Nome da produtora, Ano da publicação, Especificação da mídia física (VCD, DVD, VHS etc.), Elementos complementares (sonorização, colorido ou preto e branco etc.).

---

1   A internet nem sempre é uma fonte confiável de informações. Preferencialmente, o pesquisador deve, sempre que possível, utilizar fontes cuja autoria seja determinada e confiável, mesmo sendo institucional ou pessoal: páginas governamentais, de institutos oficiais (por exemplo, IBGE), de organizações não governamentais reconhecidas (por exemplo, Fundação Abrinq, Instituto Ethos), de instituições de ensino e pesquisa (por exemplo, universidades) etc.

REFERÊNCIAS PADRÃO ABNT   213

Ponto de mutação. Direção: Bernt Capra. Produção: Adrianna Cohen. Roteiro: Floyd Byars, Fritjof Capra. São Paulo: Imaginária Vídeo/Cannes Home Vídeo, 1990. 1 fita de vídeo (126 min.), VHS, son., color.

Teorema. Direção e Roteiro: Pier Paolo Pasolini. Produção: Manolo B. F. Rosselini. Fotografia: Giuseppe Ruzzolini. Intérpretes: Terence Stamp; Silvana Mangano; Massimo Girotti e outros. São Paulo: Versátil Home Vídeo, 2003. [original de 1968]. 1 DVD (100 min.), widescreen, son., color. e p.b.

i) Programa de computador

Título do programa, Versão (se houver), Local de publicação (se houver): Instituição responsável, Ano de publicação. Descrição da mídia física.

Statistical package for the social sciences. Versão 19.0 Windows, New York, EUA: International Business Machines Corporation, 2011. 1 CD-ROM.

Final cut studio. Versão 7.0 Mac OS X, Cupertino, EUA: Apple Corporation, 2011. 2 BLU-RAY DISC.

j) Documentos em CD-ROM

Nome(s) do(s) Autor(es). **Título do documento**, Versão (se houver), Informações complementares (se houver), Local de publicação (se houver): Instituição responsável, Ano de publicação. Descrição da mídia física.

KOOGAN, A.; HOUAISS, A. (eds.). **Enciclopédia e dicionário digital 98**. Direção geral de André Koogan Breikmam. São Paulo: Delta/Estadão, 1998. 5 CD-ROMs.

Referências Padrão Vancouver

D

CONSIDERAÇÕES GERAIS

Este padrão citação-referência foi estabelecido, pela primeira vez, quando, em 1978, um grupo de editores de revistas da área médica reuniu-se na cidade de Vancouver (daí o nome informal do padrão). Esse grupo posteriormente transformou-se no Comitê Internacional de Editores de Revistas Médicas – ICMJE (<http://www.icmje.org>).

Nesse sistema, deve-se referenciar o(s) autor(e)s pelo seu sobrenome, sendo que apenas a letra inicial é em maiúscula, seguida do(s) nome(s) abreviado(s) e sem uso de ponto. Na lista de referências, elas deverão ser numeradas consecutivamente, conforme a ordem em que forem mencionadas pela primeira vez no texto (diferentemente do sistema em ordem alfabética da ABNT).

COMO REFERENCIAR A AUTORIA DAS OBRAS

a) Autores (pessoa física) – até seis autores

Quando o documento possui de um até seis autores, citar todos os autores, separados por vírgula.

> Halpern SD, Ubel PA, Caplan AL. Solid-organ transplantation in HIV-infected patients. N Engl J Med. 2002 Jul 25;347(4):284-7.
>
> Forattini OPA. A privatização da universidade e o genoma. Rev Saúde Pública. 2001 Abr;35(2):111-2.

216 METODOLOGIA DA CIÊNCIA

b) Autores (pessoa física) – mais de seis autores

Quando o documento possui mais de seis autores, citar todos os seis primeiros autores seguidos da expressão latina "et al".

> Rose ME, Huerbin MB, Melick J, Marion DW, Palmer AM, Schiding JK, et al. Regulation of interstitial excitatory amino acid concentrations after cortical contusion injury. Brain Res. 2002;935(1-2):40-6.

c) Autor institucional

Indicar o(s) nome(s) da(s) organização(ões) quando esta(s) assume(m) a autoria do documento consultado. Quando a autoria for de duas ou mais organizações, separe-as por ponto e vírgula e, para a identificar a hierarquização dentro da organização, separar por vírgula. Exemplo de uma organização:

> Diabetes Prevention Program Research Group. Hypertension, insulin, and proinsulin in participants with impaired glucose tolerance. Hypertension. 2002;40(5):679-86.

Exemplo de duas organizações:

> Royal Adelaide Hospital; University of Adelaide, Department of Clinical Nursing. Compendium of nursing research and practice development, 1999-2000. Adelaide (Australia): Adelaide University; 2001.

d) Misto de autor pessoa física e autor institucional

Indicar o(s) autor(es) (pessoa física) e a organização, separando-os por ponto e vírgula.

> Vallancien G, Emberton M, Harving N, van Moorselaar RJ; Alf-One Study Group. Sexual dysfunction in 1,274 European men suffering from lower urinary tract symptoms. J Urol. 2003;169(6):2257-61.

e) Ausência de autoria

Quando o documento consultado não possui autoria, iniciar a referência bibliográfica pelo título.

> 21st century heart solution may have a sting in the tail. BMJ. 2002;325(7357):184.

f) Quando o autor é editor da obra

Quando o documento consultado possui apenas editor(es) ou compilador(es), deve-se fazer a indicação após o último nome indicado. Geralmente, aparece em publicações monográficas (livros, guias, manuais...).

> Gilstrap LC 3rd, Cunningham FG, VanDorsten JP, editores. Operative obstetrics. 2ª ed. New York: McGraw-Hill; 2002.
>
> Hanashiro DMM, Teixeira MLM, Zaccarelli LM, organizadores. Gestão do fator humano. 2ª ed. São Paulo: Saraiva, 2008.

g) Misto de autor e editor

Indicar o(s) nome(s) do(s) autor(es) e do(s) editor(es) quando, em conjunto, assumem a autoria. O nome do editor deverá constar após a edição.

> Breedlove GK, Schorfheide AM. Adolescent pregnancy. 2ª ed. Wieczorek RR, editor. White Plains (NY): March of Dimes Education Services; 2001.

COMO REFERENCIAR PERIÓDICOS

a) Considerações Gerais

Somente a primeira letra do título do artigo do periódico ou do livro deve estar em maiúscula. Os títulos dos periódicos devem ser abreviados pela lista de abreviaturas de periódicos do *Index Medicus*, que pode ser consultado no endereço: <http://www.ncbi.nlm.nih.gov/entrez/query.fcgi?db=journals>. Após o título do periódico, deve-se colocar um ponto para separá-lo do ano.

Exemplos: N Engl J Med. 2004, Biology. 2009 etc.

Para abreviatura dos títulos de periódicos nacionais e latino-americanos, consulte o site: <http://portal.revistas.bvs.br> eliminando os pontos da abreviatura, com exceção do último ponto para separar do ano.

Exemplos: Rev Bras Reumatol. 2008, Rev Bras Hipertens. 2001, Bol Psicologia. 1999 etc.

Quando as páginas do artigo consultado apresentarem números coincidentes, eliminar os dígitos iguais. Por exemplo, ao invés de p. 320-329, use 320-9. O número do periódico deve ser seguido pelo volume entre parênteses. Por exemplo: 251(3). Caso o periódico possua paginação contínua em um volume, o mês e número podem ser opcionalmente omitidos. Por exemplo: Halpern SD, Ubel PA, Caplan AL. Solid-organ transplantation in HIV-infected patients. N Engl J Med. 2002;347:284-7.

Para exemplos de periódicos com autores pessoas físicas e institucionais, editoria ou sem autoria, veja os exemplos anteriormente explorados. A seguir, explorar-se-ão outros casos.

218 METODOLOGIA DA CIÊNCIA

b) Volume com suplemento
Autor(es) do artigo. Título do artigo. Título do periódico abreviado. Ano de publicação; volume seguido do número do suplemento: página inicial-final do artigo.

> Geraud G, Spierings EL, Keywood C. Tolerability and safety of frovatriptan with short-and long-term use for treatment of migraine and in comparison with sumatriptan. Headache. 2002;42 Suppl 2:S93-9.

c) Número com suplemento
Autor(es) do artigo. Título do artigo. Título do periódico abreviado. Ano de publicação; volume (número e número do suplemento): página inicial-final do artigo.

> Glauser TA. Integrating clinical trial data into clinical practice. Neurology. 2002;58 (12 Suppl 7):S6-12.

d) Volume com partes
Autor(es) do artigo. Título do artigo. Título do periódico abreviado. Ano de publicação; volume (parte do volume): página inicial-final do artigo.

> Abend SM, Kulish N. The psychoanalytic method from an epistemological viewpoint. Int J Psychoanal. 2002;83 (Pt 2):491-5.

e) Número com partes
Autor(es) do artigo. Título do artigo. Título do periódico abreviado. Ano de publicação; volume (número da parte): página inicial-final do artigo.

> Ahrar K, Madoff DC, Gupta S, Wallace MJ, Price RE, Wright KC. Development of a large animal model for lung tumors. J Vasc Interv Radiol. 2002;13(9 Pt 1):923-8.

f) Número sem volume
Autor(es) do artigo. Título do artigo. Título do periódico abreviado. Ano de publicação; (número): página inicial-final do artigo.

> Banit DM, Kaufer H, Hartford JM. Intraoperative frozen section analysis in revision total joint arthroplasty. Clin Orthop. 2002;(401):230-8.

g) Ausência de número e volume
Autor(es) do artigo. Título do artigo. Título do periódico abreviado. Data de publicação: página inicial-final do artigo.

REFERÊNCIAS PADRÃO VANCOUVER 219

> Outreach: bringing HIV-positive individuals into care. HRSA Careaction. 2002 Jun:1-6.

h) Paginação com numerais romanos

Autor(es) do artigo. Título do artigo. Título do periódico abreviado. Ano de publicação; volume(número): página inicial-final do artigo em numerais romanos.

> Chadwick R, Schuklenk U. The politics of ethical consensus finding. Bioethics. 2002;16(2):iii-v.

i) Artigo com indicação de tipo

Autor(es) do artigo. Título do artigo [tipo do artigo]. Título do periódico abreviado. Ano de publicação; volume(número): página inicial-final do artigo.

> Tor M, Turker H. International approaches to the prescription of long-term oxygen therapy [carta]. Eur Respir J. 2002;20(1):242.
>
> Lofwall MR, Strain EC, Brooner RK, Kindbom KA, Bigelow GE. Characteristics of older methadone maintenance (MM) patients [resumo]. Drug Alcohol Depend. 2002;66 Suppl 1:S105.

j) Artigo contendo retratação

Autor(es) do artigo. Título do artigo. Título do periódico abreviado. Data de publicação; volume(número): página(s) inicial-final do artigo. Retratação de: Autor(es) do artigo. Título do periódico abreviado. Ano de publicação; volume(número): página(s) da retratação.

> Feifel D, Moutier CY, Perry W. Safety and tolerability of a rapidly escalating dose-loading regimen for risperidone. J Clin Psychiatry. 2002;63(2):169. Retratação de: Feifel D, Moutier CY, Perry W. J Clin Psychiatry. 2000;61(12):909-11.

k) Artigo retratado

Autor(es) do artigo. Título do artigo. Título do periódico abreviado. Ano de publicação; volume(número): página(s) do artigo. Retratação em: Autor(es) do artigo. Título do periódico abreviado. Ano de publicação; volume(número): página(s) retratadas.

> Feifel D, Moutier CY, Perry W. Safety and tolerability of a rapidly escalating dose-loading regimen for risperidone. J Clin Psychiatry. 2000;61(12):909-11. Retratação em: Feifel D, Moutier CY, Perry W. J Clin Psychiatry. 2002;63(2):169.

220 METODOLOGIA DA CIÊNCIA

l) Artigo republicado com correções

Autor(es) do artigo. Título do artigo. Título do periódico abreviado. Ano de publicação; volume(número): página(s) do artigo. Corrigido e republicado do: Título do periódico abreviado. Ano de publicação; volume(número): página inicial-final do artigo.

> Mansharamani M, Chilton BS. The reproductive importance of P-type ATPases. Mol Cell Endocrinol. 2002;188(1-2):22-5. Corrigido e republicado do: Mol Cell Endocrinol. 2001;183(1-2):123-6.

m) Artigo com errata

Autor(es) do artigo. Título do artigo. Título do periódico abreviado. Ano de publicação; volume(número): página(s) inicial-final do artigo. Errata em: Título do periódico. Ano de publicação; volume(número): página(s) da errata.

> Malinowski JM, Bolesta S. Rosiglitazone in the treatment of type 2 diabetes mellitus: a critical review. Clin Ther. 2000;22(10):1151-68; discussion 1149-50. Errata em: Clin Ther. 2001;23(2):309.

n) Artigo não publicado (no prelo)

Autor(es) do artigo. Título do artigo. Título do periódico abreviado. Indicar no prelo e o ano provável de publicação após aceite.

> Tian D, Araki H, Stahl E, Bergelson J, Kreitman M. Signature of balancing selection in Arabidopsis. Proc Natl Acad Sci U S A. No prelo 2002.

COMO REFERENCIAR LIVROS E OUTRAS MONOGRAFIAS

a) Considerações gerais

Na identificação da cidade da publicação, a sigla do estado ou província pode ser também acrescentada entre parênteses. Exemplos: Berkeley (CA); Mato Grosso (MT). Quando se tratar de país, pode ser acrescentado por extenso. Exemplo: Porto (Portugal). A indicação do número da edição será de acordo com a abreviatura em língua portuguesa. Exemplo: 4ª ed. (nada deve ser indicado quando tratar-se de primeira edição).

REFERÊNCIAS PADRÃO VANCOUVER 221

b) Autor(es) pessoa(s) física(s)

Autor(es) do livro. Título do livro. Edição (Editora). Cidade de publicação: Editora; Ano de publicação.

> Murray PR, Rosenthal KS, Kobayashi GS, Pfaller MA. Medical microbiology. 4ª ed. St. Louis: Mosby; 2002.
>
> Eco, U. Kant e o ornitorrinco. Rio de Janeiro: Record; 1998.

c) Autor(es) editor(es) ou compilador(es)

Editor(es) do livro, indicação correspondente. Título do livro. Edição (Editora). Cidade: Editora; Ano de publicação.

> Gilstrap LC 3rd, Cunningham FG, VanDorsten JP, editores. Operative obstetrics. 2ª ed. New York: McGraw-Hill; 2002.

d) Autor(es) com editor(es)

Autor(es) do livro. Título do livro. Edição (Editora). Nome(s) do(s) editor(es) com a indicação correspondente. Cidade de publicação: Editora; Ano de publicação.

> Breedlove GK, Schorfheide AM. Adolescent pregnancy. 2ª ed. Wieczorek RR, editor. White Plains (NY): March of Dimes Education Services; 2001.

e) Autor institucional

Instituição(ões). Título do livro. Cidade de publicação: Editora; Ano de publicação.

> Royal Adelaide Hospital; University of Adelaide, Department of Clinical Nursing. Compendium of nursing research and practice development, 1999-2000. Adelaide (Australia): Adelaide University; 2001.

f) Capítulo de livro

Autor(es) do capítulo. Título do capítulo. "In": nome(s) do(s) autor(es) ou editor(es). Título do livro. Edição (Editora). Cidade de publicação: Editora; Ano de publicação. página inicial-final do capítulo.

> Meltzer PS, Kallioniemi A, Trent JM. Chromosome alterations in human solid tumors. In: Vogelstein B, Kinzler KW, editores. The genetic basis of human cancer. New York: McGraw-Hill; 2002. p. 93-113.
>
> Soldati VR. Ética em pesquisas de saúde: algumas reflexões. In: Angerami-Camon VA, organizador. A ética na saúde. São Paulo: Pioneira; 1997. p.37-55.

222 METODOLOGIA DA CIÊNCIA

g) Bíblia

Título da obra. Tradução ou versão. Local de publicação: Editora; data de publicação. Notas (se houver).

> The Holy Bible. King James version. Grand Rapids (MI): Zondervan Publishing House; 1995. Ruth 3:1-18.
>
> Bíblia Sagrada. Traduzida em português por João Ferreira de Almeida. Barueri (SP): Sociedade Bíblica do Brasil; 1993.

h) Dicionários e obras de referência

Autor (se houver). Título da obra. Edição (se houver). Cidade de publicação: Editora; ano de publicação. Termo pesquisado (se houver); número da página (se houver).

> Dorland's illustrated medical dictionary. 29th ed. Philadelphia: W.B. Saunders; 2000. Filamin; p. 675.
>
> Tozi R. Dicionário de sentenças latinas e gregas. 2a ed. São Paulo (SP): Martins Fontes; 2000. Finis coronat opus; p.389.

COMO REFERENCIAR CONGRESSOS E EVENTOS

a) Anais de congressos ou eventos

Autor(es) do trabalho. Título do trabalho. Título do evento; data do evento; local do evento. Cidade de publicação: Editora; Ano de publicação.

> Harnden P, Joffe JK, Jones WG, editores. Germ cell tumours V. Proceedings of the 5th Germ Cell Tumour Conference; 2001 Sep 13-15; Leeds, UK. New York: Springer; 2002.

b) Trabalho apresentado em congresso

Autor(es) do trabalho. Título do trabalho apresentado. "In": editor(es) responsáveis pelo evento (se houver). Título do evento: *Proceedings* ou Anais do... título do evento; data do evento; local do evento. Cidade de publicação: Editora; Ano de publicação. Página inicial-final do trabalho.

> Christensen S, Oppacher F. An analysis of Koza's computational effort statistic for genetic programming. In: Foster JA, Lutton E, Miller J, Ryan C, Tettamanzi AG, editores. Genetic programming. EuroGP 2002: Proceedings of the 5th European Conference on Genetic Programming; 2002 Apr 3-5; Kinsdale, Ireland. Berlin: Springer; 2002. p. 182-91.

COMO REFERENCIAR LEGISLAÇÕES

Formato Geral das Legislações:

Título da lei (ou projeto, ou código...), dados da publicação (data da publicação).

a) Lei

> Veterans Hearing Loss Compensation Act of 2002, Pub. L. No. 107-9, 115 Stat. 11 (May 24, 2001).
>
> Lei n. 9.160, Diário Oficial da República Federativa do Brasil, DF, N.36, Seção 1, p.3-9 (20 Fev, 1998).

b) Projeto de lei

> Healthy Children Learn Act, S. 1012, 107th Cong., 1st Sess. (2001).

c) Códigos de regulação

> Cardiopulmonary Bypass Intracardiac Suction Control, 21 C.F.R. Sect. 870.4430 (2002).

d) Audiências públicas

> Arsenic in Drinking Water: An Update on the Science, Benefits and Cost: Hearing Before the Subcomm. on Environment, Technology and Standards of the House Comm. on Science, 107th Cong., 1st Sess. (Oct. 4, 2001).

COMO REFERENCIAR TESES, DISSERTAÇÕES, TCC e RELATÓRIOS

a) Dissertações, teses e TCCs

Autor. Título do trabalho [tipo do documento]. Cidade de publicação: Editora; Ano de defesa do trabalho.

> Borkowski MM. Infant sleep and feeding: a telephone survey of Hispanic Americans [dissertação]. Mount Pleasant (MI): Central Michigan University; 2002.
>
> Appolinário F. Avaliação dos efeitos do treinamento em neurofeedback sobre o desempenho cognitivo de adultos universitários [tese de doutorado]. São Paulo (SP): Universidade de São Paulo; 2001.

224   METODOLOGIA DA CIÊNCIA

b) Relatório técnico-científico

b.1) Editado por fundação/agência patrocinadora:
Autor(es) do relatório. Título do relatório. Dados do relatório (se houver). Cidade de publicação: fundação ou agência patrocinadora; Data de publicação. Número e série de identificação do relatório.

> Yen GG (Oklahoma State University, School of Electrical and Computer Engineering, Stillwater, OK). Health monitoring on vibration signatures. Final report. Arlington (VA): Air Force Office of Scientific Research (US), Air Force Research Laboratory; 2002 Feb. Report No.: AFRLSRBLTR020123. Contract No.: F496209810049.

b.2) Editado por agência organizadora:
Autor(es) do relatório. Título do relatório. Dados do relatório (se houver). Cidade de publicação: agência organizadora; Data de publicação. Número e série de identificação do relatório. Agência patrocinadora.

> Russell ML, Goth-Goldstein R, Apte MG, Fisk WJ. Method for measuring the size distribution of airborne Rhinovirus. Berkeley (CA): Lawrence Berkeley National Laboratory, Environmental Energy Technologies Division; 2002 Jan. Report No.: LBNL49574. Contract No.: DEAC0376SF00098. Patrocinado pelo Department of Energy.

COMO REFERENCIAR INTERNET E DOCUMENTOS ELETRÔNICOS

a) Página na internet
Autor(es) da homepage (se houver). Título da homepage [homepage na internet]. Cidade: instituição; data(s) de registro* [data da última atualização com a expressão "atualizada em"; data de acesso com a expressão "acesso em"]. Endereço do site com a expressão "Disponível em:".
*Obs: a data de registro pode vir acompanhada da data inicial-final ou com a data inicial seguida de um hífen (-) indicando continuidade.

> Cancer-Pain.org [homepage na internet]. New York: Association of Cancer Online Resources, Inc.; c2000-01 [atualizada em 2002 Mai 16; acesso em 2002 Jul 9]. Disponível em: www.cancerpain.com.

b) CD-rom, DVD ou disquete

Autor(es). Título [tipo do material]. Cidade de publicação: Produtora; ano.

> Anderson SC, Poulsen KB. Anderson's electronic atlas of hematology [CD-ROM]. Philadelphia: Lippincott Williams & Wilkins; 2002.
>
> Duetto Editorial. Scientific american Brasil – coleção completa [CD-ROM]. São Paulo (SP): Segmento-Duetto Editorial; 2008.

c) Artigo de periódico em formato eletrônico

Autor do artigo. Título do artigo. Título do periódico abreviado [periódico na internet]. Data da publicação [data de acesso com a expressão "acesso em"]; volume(número): [número de páginas aproximado]. Endereço do site com a expressão "Disponível em:".

> Abood S. Quality improvement initiative in nursing homes: the ANA acts in an advisory role. Am J Nurs [periódico na internet]. 2002 Jun [acesso em 2002 Aug 12]; 102(6): [aproximadamente 3 p.]. Disponível em: http://www.nursingworld.org/AJN/2002/june/Wawatch.htm.

d) Base de dados na internet

Autor(es) da base de dados (se houver). Título [base de dados na internet]. Cidade: Instituição. Data(s) de registro [data da última atualização com a expressão "atualizada em" (se houver); data de acesso com a expressão "acesso em"]. Endereço do site com a expressão "Disponível em:".

> Who's Certified [base de dados na internet]. Evanston (IL): The American Board of Medical Specialists. c2000 – [acesso em 2001 Mar 8]. Disponível em: http://www.abms.org/newsearch.asp.
>
> Scientific Eletronic Library Online – SCIELO [base de dados na internet]. São Paulo (SP): Fapesp/Bireme. [acesso em 2011 Mai 15]. Disponível em: http://www.scielo.br.

e) Programa de computador

Título [programa de computador]. Versão. Local de publicação: Produtora; data de publicação.

> Statistical Package for the Social Sciences [programa de computador]. Versão 18.0. Somers (New York, EUA): IBM; 2011.

226 METODOLOGIA DA CIÊNCIA

OUTROS TIPOS DE REFERÊNCIAS

a) Patentes
Nome do inventor e do cessionário e indicação(ões). Título da invenção. País
e número do depósito. Data (do período de registros).

> Pagedas AC, inventor; Ancel Surgical R&D Inc., cessionário. Flexible endoscopic grasp-
> ing and cutting device and positioning tool assembly. United States patent US
> 20020103498. 2002 Ago 1.

b) Artigo em jornal (não científico)
Autor do artigo. Título do artigo. Nome do jornal. Data; Seção: página (coluna).

> Tynan T. Medical improvements lower homicide rate: study sees drop in assault rate.
> The Washington Post. 2002 Aug 12;Sect. A:2 (col. 4).

c) Material audiovisual
Autor(es). Título do material [tipo do material]. Cidade de publicação: Editora;
ano.

> Chason KW, Sallustio S. Hospital preparedness for bioterrorism [vídeocassete].
> Secaucus (NJ): Network for Continuing Medical Education; 2002.

d) Mapas
Autor(es), Nome do mapa [tipo de material]. Cidade de publicação: Editora; ano
de publicação.

> Pratt B, Flick P, Vynne C, cartógrafos. Biodiversity hotspots [mapa]. Washington:
> Conservation International; 2000.